U0312006

全媒体时代短视频的
创新与传播

程 莹◎著

文化发展出版社
Cultural Development Press

·北京·

图书在版编目（CIP）数据

全媒体时代短视频的创新与传播 / 程莹著 . — 北京 ：
文化发展出版社，2024.7 . — ISBN 978-7-5142-4414-4

Ⅰ. TN948.4

中国国家版本馆 CIP 数据核字第 2024S21K83 号

全媒体时代短视频的创新与传播

程 莹 著

出 版 人：宋　娜　　　　　　　　　责任编辑：周　蕾

责任校对：岳智勇　　　　　　　　　责任印制：杨　骏

出版发行：文化发展出版社（北京市翠微路 2 号 邮编：100036）

网　　　址：www.wenhuafazhan.com

经　　　销：全国新华书店

印　　　刷：北京荣泰印刷有限公司

开　　　本：710mm×1000mm 1/16

字　　　数：178 千字

印　　　张：15.5

版　　　次：2024 年 7 月第 1 版

印　　　次：2024 年 7 月第 1 次印刷

定　　　价：68.00 元

ＩＳＢＮ：978-7-5142-4414-4

◆ 如有印装质量问题，请电话联系：13651398680

前　言

在当今数字化和全媒体时代，短视频已经成为社交媒体平台备受瞩目的内容传播形式之一。从 15 秒到几分钟的时长，短视频以其简洁、生动的方式，吸引着亿万用户的注意力。本书旨在深入探讨短视频在全媒体环境下的定义、传播途径、影响力以及创新发展等方面的问题。通过对短视频行业的深入分析，我们希望能够为读者提供一份全面的研究报告，帮助他们更好地理解短视频的现状和未来发展趋势。

第一章介绍短视频的定义与特点，以及在全媒体环境下的传播途径。主要从短视频的基本概念出发，探讨其在全媒体时代快速传播的原因和方式，并深入分析短视频对媒体行业格局的影响。

第二章重点探讨短视频的传播特点与模式。主要深入研究短视频在社交化传播、精准传播以及个性化推荐方面的表现，探讨其在不同平台上的传播渠道和用户互动。通过对不同传播模式的比较和分析，揭示短视频传播的规律和特点。

第三章分析短视频的传播效果与影响。主要探讨短视频对受众的影响、在社会舆论中的作用，以及其对文化传承与创新的影响。通过案例分析和调查研究，揭示短视频在不同领域的传播效果和社会影响。

第四章提出在全媒体环境下短视频创新与传播的策略。主要探讨内容创作与品牌建设、用户体验与参与度提升，以及跨平台传播与合作等方面的策略与方法。通过对成功案例和经验总结的分析，为短视频创新提供实用的指导和建议。

第五章展望未来短视频的发展趋势。主要分析短视频的技术发展趋势、内容创新方向以及传播模式的演变，展望短视频在未来的发展前景。通过对未来发展趋势的预测和分析，为读者提供思考和决策的参考。

第六章深入讨论短视频传播中的问题与挑战。主要探讨信息真实性与可信度、隐私保护与版权问题、内容监管与道德规范等方面的挑战，并提出相应的解决方案。通过对短视频行业问题和挑战的深入分析，为行业的健康发展提供支持和帮助。

本书为读者提供了全面深入的短视频研究，帮助他们更好地了解短视频在全媒体时代的发展现状和未来趋势，促进学术研究和产业实践的结合，推动短视频行业的健康发展。

目　录

第一章　全媒体时代的短视频

第一节　短视频的定义与特点

在当今数字化时代，短视频已经成为人们日常生活中不可或缺的一部分。它们以短暂而精彩的形式，吸引着我们的注意力，传递着各种信息和情感。那么，什么是短视频呢？与传统的长视频相比，短视频有哪些特点呢？

一、短视频的定义

短视频是一种视频形式，其主要特点在于其时长较短。这种形式的媒介致力于通过紧凑而生动的内容，迅速吸引观众的注意力。在过去几年里，短视频迅速崛起，成为社交媒体和互联网文化中的主要组成部分。其短时长的特征使得短视频更适合于碎片化的时间，观众能够在短时间内迅速获取信息或以此娱乐。这种形式的媒介在社交媒体平台上得到广泛应用，为用户提供了一个创意表达和信息传递的平台。短视频在内容创作上追求简洁而生动的表达方式，通常包括创意的拍摄手法、搞笑元素、音乐配合等，以引发观众的共鸣。这种直观、易消化的特性使得短视频成为信息传递和娱乐的高效途径。

社交媒体平台的崛起进一步推动了短视频的普及，用户可以通过分享、评论、点赞等形式与创作者和其他观众进行互动。这种社交性的体验使得短视频不仅仅是一种观看媒介，更是一种社交互动的平台。总的来说，短视频以其独特的时长和生动的内容形式，快速赢得了用户的喜爱，成为当今社交媒体和互联网文化中不可忽视的重要组成部分。其简洁、有趣的特性满足了现代用户碎片化时间内获取信息和娱乐的需求，为内容创作者提供了全新的表达和传播方式。

二、短视频的特点

与传统的长视频相比，短视频通常在数秒到数分钟之间，这使得它们能够在短时间内传递信息和引起观众的注意。这种短暂的时长也符合现代人快节奏的生活方式，人们可以在碎片化的时间里观看短视频，如在等车、排队或休息时。此外，短视频的简短性也促使创作者在有限的时间内更加精准地表达主题，从而提高信息传播的效率。一般来说，短视频的主要特点有：短暂的时长、创意和想象力的表达、易消化的内容、快速传播和分享、提供休闲娱乐体验和情绪价值、用户生成内容的兴起、注重内容创新等几种。

1. 短暂的时长

短视频的最显著特征之一是其短暂的时长，这一特征在当今社交媒体时代具有重要意义。相对于传统的长篇视频或电影，短视频以其简短的时长为特色，旨在在快节奏的社交媒体环境中迅速传播信息，从而获得更广泛的关注。

在当今社交媒体的快速发展中，人们对于信息的获取和传递有了更高的要求。短视频因此应运而生，其时长通常在 15 秒到 3 分钟之间，完美契合了人们碎片化时间的需求。例如，在公交车上、休息时间等短暂的片段，人们往往无法长时间专注于阅读文章或观看长视频，但却可以在各种网络平台迅速浏览并享受一段短视频。这种社交适应性使得短视频成为社交媒体上不可或缺的一部分，满足了人们快速获取信息的需求。短视频的时长限制迫使创作者在有限的时间内迅速传达信息，这要求他们具备更高的创意能力和表现力。在短短的几十秒内，创作者需要通过生动的画面、简洁的文字或者有趣的配乐来吸引观众的注意力，并将所要表达的信息清晰准确地传递给观众。这种挑战性促使创作者需要实时关注社会热点、创新内容表达，不断提升自己的创作能力，这推动了短视频内容的多样化和创新性。

短视频作为一种快速传播信息的工具，在社交媒体平台上尤为受欢迎。用户可以通过简单的浏览就能获取到大量的信息，而不需要长时间地阅读或观看。这种便捷的特点使得短视频更容易引起用户的注意，成为社交媒体上热门内容的主要表现形式之一。在当今快节奏的社交媒体环境中，用户往往倾向于迅速浏览并分享内容。短视频由于其简短的时长和快节奏的剪辑风格，更容易吸引用户的注意力，从而在社交媒体上获得更广泛的关注。用户可以在短时间内快速浏览多个短视频，与更多的内容进行互动，从而丰富了他们的社交媒体体验。短视频的关注度以及随之而来的"流量"效应也为内容创作者提供了更多的展示机会和更好的展示平台，尤其在时下非常火热的抖音、快手等社交媒体平台上，优质的短视频往往能够迅速积累大量的观看量和粉丝量，为创作者带来了更广阔的发展空间。这种社交媒体环境中的广泛关注，进一步推动了短视频内容的创新和多样化发展。

短视频的短时长使得用户更容易快速浏览多个视频，而无须长时间地投入。这种便捷性吸引了大量用户积极参与，他们可以随时随地通过手机或平板电脑观看短视频，轻松愉快地消磨碎片化的时间。短视频也更容易被用户分享。由于其时长较短，用户可以在社交媒体平台上轻松地将自己喜欢的视频分享给朋友或关注者，形成一个良性的分享循环。这种便于分享的特点不仅扩大了短视频内容的传播范围，也为创作者带来了更多的曝光和关注。

短视频的短时长使得用户能够更灵活地选择他们想要观看的内容，从而形成了更为个性化的用户体验。用户可以根据自己的兴趣和需求，快速浏览和筛选大量的短视频，找到最符合自己口味的内容。这种个性化的用户体验提高了用户对社交媒体平台的满意度和黏性，使他们更愿意在这些平台上花费更多的时间。短视频平台通常会根据用户的浏览历史和偏好推荐相关内容，这进一步提升了用户体验的个性化程度。通过智能推荐算法，用户可以更快速地找到自己感兴趣的内容，从而增加他们对平台的黏性和忠诚度。

短视频的时长限制给创作者带来了更大的挑战，他们需要在极短的时间内传播信息并引起共鸣。面对这样的挑战，创作者不断地寻求创新和突破，尝试各种创意手法来吸引观众的注意力。这种竞争性和挑战性促使短视频领域充满了多样性和创新性的内容，为用户带来了更丰富、更有趣的观看体验。除此之外，短视频的制作过程也更为灵活和简便，这使得更多的人有机会参与到内容创作中

来。无论是普通用户还是专业创作者，都可以通过手机、相机或者
其他拍摄设备轻松地制作和分享短视频，展示自己的才华和创意。
这种对创作者来说颇具挑战性的特点，进一步推动了短视频行业的
发展和壮大。总之，短视频的短时长是其在当今社交媒体环境中取
得成功的关键因素之一。这种短时长使得短视频更适应现代社交媒
体用户的需求，提供了一种轻松、快速传播信息的娱乐形式，成为
数字时代的重要文化现象。

2. 创意和想象力的表达

短视频平台鼓励创作者通过创意和想象力展示才华是其独有的
特征之一。在短短的几秒或几分钟内传达信息是一项挑战，然而，
正是这种挑战性激发了创作者寻找创新表达方式的动力。

短视频平台的时长限制给创作者带来了巨大的挑战，因为他们
必须在极短的时间内吸引观众。这种限制迫使创作者在短短几十秒
内传达清晰明确的信息，使得每一帧、每一句话都至关重要。创作
者需要精练内容，突出核心信息，同时激发观众的兴趣，这要求他
们在创作过程中保持高超的创意和表现力。只有通过不断地试错和
调整，创作者才能找到最合适的方式在短时间内传达更多信息。短
视频平台为创作者提供了一个独特的创作空间，让他们能够通过独
特而创意的方式表达自己。在这个平台上，创作者可以尝试各种创
新的摄影技巧、编辑风格以及视听元素的巧妙组合，从而呈现出独
具特色的作品。这种自由度激发了创作者的创作潜力，使得短视频
成为一个充满多样性和新意的创作空间。

首先，为了在短时间内吸引观众的注意，创作者通常会运用各
种特效和技术创新。通过使用视觉和音频特效，他们能够在有限的

时间内营造出引人入胜的氛围，增加视频的吸引力。这种技术的巧妙运用成为提高短视频平台上内容丰富性的重要手段，也为创作者提供了更多的创作可能性。其次，音乐在短视频中扮演着至关重要的角色，因为它可以迅速激发观众的情感和共鸣。创作者通过选择合适的音乐，将情感融入短视频中，使得观众更容易产生共鸣和连接。这使得音乐成为短视频中一个不可或缺的创意元素，也为创作者带来了更多的表现空间。再次，为了在短时间内传达深层次的信息，创作者常常采用简洁巧妙而引人入胜的剧情梗概和叙事方式。通过巧妙地构建故事情节，他们能够引导观众在短时间内体验到情感高潮，增加视频的吸引力和共享价值。这种故事叙事的技巧不仅丰富了视频的内容，也为观众提供了更加丰富的观看体验。最后，短视频平台强调用户生成的内容，这为创作者提供了更大的创作空间。用户通过分享自己的创意和想法，使得平台上充满了各种各样的内容，涵盖了从搞笑、创意到情感表达、生活分享等多个领域。这种多样性不仅丰富了平台上的内容，也为创作者提供了更多的灵感和创作素材。由于短视频平台强调的是短时间内的吸引力，创作者需要不断寻找新的方式来吸引观众的兴趣。这促使创作者在创作过程中保持创新性，不断探索新的创意元素和表达方式。通过不断地尝试和实践，创作者能够找到最适合自己的创作方式，从而吸引更多的观众关注和喜爱。

3. 易接受的内容

短视频的特征之一是提供的内容易于接受。用户能够在短时间内获取信息或感受情感。这一特征让短视频在当今社交媒体时代迅速崛起并成为用户利用碎片化时间的理想选择。

　　随着生活节奏的加快，人们的时间变得更加碎片化，短视频的短时长恰好迎合了这一需求。在等车、排队、午休等短暂的间隙，人们可以迅速打开手机观看短视频，填充这些片段时间，让生活变得更加充实和有趣。这种适应碎片化时间的特性，让短视频成为人们日常生活中不可或缺的一部分。短视频平台多以轻松幽默、搞笑有趣的内容为主导，符合了人们在短时间内追求轻松愉悦的心理需求。观看这些短视频可以帮助人们暂时摆脱疲劳和压力，放松心情，为身心注入一丝愉悦和轻松。因此，短视频在提供娱乐消遣方面具有独特的价值。

　　由于时长的限制，短视频创作者必须在极短的时间内迅速传递信息。这促使他们采用简洁明了的方式表达核心观点，让用户能够在短时间内获取信息的精华。这种快速传递信息的特征，提高了用户获取信息的效率，符合了当今社会快节奏的生活方式。

　　短视频平台上存在着丰富的内容，涵盖了各种主题，包括但不限于搞笑、教育、美食、旅行等。这使得用户能够根据自己的兴趣在短时间内选择并消费相关内容，也使得短视频成为一种高度个性化的娱乐方式。不同主题的内容也能够满足不同用户群体的需求，增加了平台的吸引力和用户黏性。除了娱乐，短视频也为用户提供了在短时间内学习的机会。教育性内容通过简短的视频形式传递知识，让用户在碎片化的时间里获取新的信息，拓展知识面。这种轻松学习的机会吸引了很多用户在碎片化的时间内进行知识获取和学习。

　　与传统的报纸、电视等媒体相比，通过更多移动端观看短视频不再是孤立的行为，用户可以通过点赞、评论、转发等社交互动形式与创作者和其他用户进行交流与传播。这种社交性的体验增强了用户在短视频平台上的参与感，让观看短视频成为一种社交活动，增加了用户在平台上的黏性和活跃度。

短视频以其易于接受的内容特性，成功地满足了用户在碎片化时间内获取信息或娱乐的需求。这种形式的崛起不仅反映了社交媒体时代对于内容呈现方式的变革，也彰显了短视频在满足现代生活方式的同时促进社交互动和娱乐体验的独特价值。

4. 快速传播和分享

短视频的短时长和独特的内容形式使其成为社交媒体上迅速传播的理想媒介。这一特征促使用户轻松分享喜欢的短视频，通过社交网络扩散内容，从而创造了一种分享机制，为短视频广泛传播提供了可能性。

短视频的时长短，这使得它们能够在极短的时间内迅速吸引观众的注意力。在信息过载的当今社会，吸引人们的注意力是比较困难的，短视频的快速展示让用户能够在片刻间了解视频内容。这种迅速引起注意的特征使得短视频更容易在社交媒体平台上引发关注，成为用户浏览和分享的热门内容。社交媒体平台为用户提供了轻松分享短视频的渠道。通过简单的点击或分享功能，用户可以将自己喜欢的短视频分享到个人主页或朋友圈，从而将内容推送给更广泛的社交网络。这种分享机制不仅使得内容能够以更快的速度传播，也增加了用户与内容之间的互动性，促进了社交媒体平台上的社交互动。

短视频平台强调用户生成内容，这种机制推动了更多内容的涌现。用户通过创作属于自己的短视频，推动了平台内容的丰富性和多样性。由于用户与创作者之间存在更紧密的关系，用户更愿意分享自己或他人创作的短视频，进而推动了内容在社交媒体上的传播。短视频因其在社交媒体上的分享性，为创作者和品牌提供了更多的曝光机会。优质的短视频内容在社交网络上得到广泛分享，从而增加了创作者和品牌的知名度，吸引更多关注和追随者。这种曝光机会使得创作者和品牌能够更好地与受众进行联结，提升了其在社交媒体平台上的影响力。社交媒体平台借助先进的算法和推荐系统，能够精准地将用户感兴趣的短视频推送给他们。这种个性化的推荐机制使得用户更有可能分享内容，因为呈现给他们的是与其兴趣相关的视频，这提高了他们分享的积极性。这种精准推荐也使得短视频更容易被用户发现和传播。由于社交媒体上的传播机制，一些优质的短视频很容易走红。当某个短视频在社交网络上引起共鸣并被大量分享时，其传播速度会呈几何级数增长，使得内容在短时间内迅速走红，创造出"爆款"现象。这种轻松走红的可能性吸引了更多创作者和品牌投入短视频的创作和营销中。短视频在社交媒体上的传播不仅仅是用户被动地观看，更是一种社交互动的体现。用户通过分享、评论、点赞等方式与内容互动，形成了一个社交生态圈，进一步推动了内容的传播。这种社交互动不仅增强了用户与内容之间的联结，也促进了用户之间的交流和互动，使得短视频成为社交媒体不可或缺的一部分。总体而言，短视频在社交媒体的迅速传播得益于其独特的时长和内容形式。这种分享机制不仅使用户更容易发现有趣的内容，也为创作者提供了更广泛的曝光机会，推动了短视频在数字时代社交媒体中蓬勃发展。

5. 提供休闲娱乐体验和情绪价值

大多数短视频平台以提供休闲娱乐体验为核心，为用户提供各种类型的轻松、搞笑、有趣或创意的内容。这一趋势使得短视频成为用户在日常生活中放松、消遣和娱乐的理想选择。尽管也存在一些教育性或专业性质内容的短视频，但整体而言，短视频平台更注重轻松娱乐性的打造，为用户提供更多的情绪价值。

以娱乐为核心定位的短视频平台大多致力于提供轻松、愉悦的观看体验，满足用户在碎片化时间内追求快乐和放松的心理需求。这种娱乐性定位贯穿于平台的内容创作、推荐算法等多个方面，以确保用户能够体验到愉快的视听享受。短视频平台上充斥着各类轻松搞笑的内容，如搞笑段子、恶搞模仿、幽默解说等。这些内容以制造欢笑为目的，通过轻松幽默的形式吸引用户的注意力，为他们带来一刻的快乐。

短视频平台鼓励创作者展现创意和趣味性，通过独特的视觉效果、创意剧情、音乐搭配等方式吸引观众。这种创意和趣味性不仅增加了短视频的吸引力，也为用户提供了独特的娱乐体验。由于时长短暂，短视频成为用户在休息、等待或碎片化时间内的理想选择。观看轻松、愉悦的内容成为一种放松身心、缓解压力的方式，让用户在短时间内享受到娱乐带来的愉悦感受。短视频平台通常与社交媒体深度融合，进一步强化了轻松娱乐的氛围。用户在浏览、评论、分享短视频的过程中能够更好地融入社交媒体的轻松氛围，形成一种社交化的娱乐体验。

短视频平台在年轻人中特别受欢迎，其中融入了许多新兴文化元素。年青一代更倾向于轻松、时尚、有趣的内容，这与短视频平台提供的娱乐性内容高度契合，从而吸引了大量年轻用户。平台普遍更注重满足用户对娱乐的需求，这也与短视频平台的核心定位和用户需求密切相关。短视频平台以轻松娱乐为主导，通过各种创意和趣味性的内容满足用户的娱乐需求。这种轻松娱乐的趋势不仅改变了用户获取信息和娱乐的方式，也推动了新兴文化和社交互动的发展。

6. 用户生成内容的兴起

短视频平台强调用户生成内容的模式是其成功的关键之一。让用户自己创作和分享视频的方式，给短视频平台带来了多样性的内容，加强了观众与创作者之间的紧密互动，同时赋予了平台更强的社交性。

用户生成内容模式为短视频平台带来了极大的内容多样性。用户来自不同地区、文化背景和兴趣领域，他们创作的视频反映了这些多样性。从搞笑、游戏、美食到教育、艺术等各个领域，用户生成内容模式使得平台上的内容更加丰富和有趣。用户通过用户生成内容模式参与到内容创作中，这种形式提高了用户的参与度。用户不再只是被动参与消费内容，而是积极地创作、评论、点赞，从而深度融入平台社区，形成更为紧密的用户社群。由于用户生成内容模式的存在，用户能够更自由地选择符合自己兴趣和喜好的内容。这种个性化的内容体验使得用户更愿意在平台上花费时间，因为他们能够找到更贴合自己口味的视频，形成更为个性化的内容推送。用户生成内容模式拉近了创作者与其他用户之间的距离。用户可以通过评论、点赞等方式直接与创作者互动，提出建议、表达喜好或者与创作者分享自己的观点。这种互动加深了用户对创作者的认同感，形成了更加紧密的社交联系。

短视频平台在用户生成内容模式下更具社交性。用户通过分享自己的创作与其他用户互动，形成一个充满活力的社交网络。这种社交性使得平台不仅仅是一个浏览内容的地方，更是用户之间交流分享的社交平台。用户生成内容模式为广大创作者提供了展示自己创意和才华的平台。这种开放性的创作环境激发了更多人的创造力，推动了创意的爆发，使得平台上涌现出各种独特而富有创意的内容。用户生成内容模式中用户的参与不仅仅是平台的一个功能，更是平台发展的推动力。用户生成的内容形成了平台的核心，吸引了更多观众加入，使得平台社区不断壮大。通过用户生成内容模式，任何人都有机会成为内容创作者。这种民主化的内容创作方式打破了传统媒体的门槛，为更多人提供了展示才华的机会，促进了创作领域的多元化。用户生成内容模式的兴起使得内容创作更加民主化，促进了创作领域的多元化和创新发展。

用户生成内容模式为短视频平台注入了生命力和活力。用户不再只是观众，而是创作者、评论者和社区的一部分，这使得平台成为一个更为互动和社交的娱乐空间。用户生成内容的成功也表明了用户参与对于社交媒体平台的发展至关重要。

7. 注重内容创新

短视频市场的激烈竞争推动着创作者和平台不断追求内容创新。在这个竞争激烈的环境中，创作者不仅需要具备独特的拍摄技巧，还需要探索新的叙事方式和创意的音乐运用，以吸引观众并让他们保持关注。

在当今竞争激烈的短视频领域，创作者们不断探索新的拍摄技巧，以脱颖而出并吸引更多观众的关注。其中，创新的摄影手法是至关重要的一环。通过尝试不同的角度、光线和构图，创作者们能够为用户呈现出别具一格的画面，从而引起他们的兴趣。例如，使用鱼眼镜头或无人机等先进设备，可以为视频增添独特的视觉效果，吸引更多目光。特效的应用也是拍摄技巧中的重要组成部分。现代技术的发展使得特效制作更加便捷和高效，创作者可以利用特效为视频增添各种奇幻、梦幻或惊险的元素，从而营造出更具吸引力和震撼力的视听效果。通过合理运用特效，创作者能够将观众带入一个全新的视觉体验之中。同时，先进拍摄设备的使用也为创作者提供了更多可能性。例如，虚拟现实技术的运用能够为视频增添沉浸感，使观看用户仿佛身临其境。此外，增强现实技术的应用也能够为视频带来更为丰富的互动性，使观看用户参与其中，增强其观看体验。

在短视频创作中，保持"内容为王"始终是优质短视频作品的核心竞争力，也是内容创新的基础。做好内容创新，可以采用独特的叙事方式来引起观众的兴趣，并使他们产生共鸣。非线性叙事是其中一种常见方式，通过跳跃式的叙述结构或时间线安排，使得故事更加引人入胜，观看的用户更加好奇故事的发展。这种方式常常让用户思考、推理，并保持对视频的关注度。情感化的叙述也是吸引观众的有效手段。通过深入刻画人物内心世界、情感表达以及使用情感化的背景音乐，创作者更容易让用户产生共鸣，深入地感受到视频中所传达的情感，从而更加投入到故事之中。另外，引入悬疑元素也是吸引用户的有效策略。通过在视频中设置谜团、伏笔或悬念，创作者能够激发用户的好奇心和探索欲，从而促使他们持续关注并追寻故事的发展。音乐在短视频中扮演着非常重要的角色，它能够为画面增添情感色彩、营造氛围、引导观看用户情绪，进而加深他们对视频内容的体验和记忆。因此，创作者在创作短视频时不仅关注视觉效果，也注重音乐的运用。

一种常见的创意是选用独特的音乐风格。不同类型的音乐会给人带来不同的情绪体验，通过选择与视频内容相匹配的音乐风格，创作者可以加强用户对视频的情感共鸣，使其更容易被吸引和打动。此外，音效设计也是音乐运用的重要组成部分。合适的音效能够增强画面的真实感和氛围感，提升观众的沉浸感和代入感，使他们更深度地投入到视频内容之中。另外，与画面同步的音乐编排也是一种常见的创意手段。通过精心的音乐剪辑和画面节奏的配合，创作者能够营造出节奏感强、画面与音乐完美融合的视听效果，从而吸引用户的注意力，提升视频的观赏性和感染力。

动画和特效的应用为创作者提供了丰富的创作可能性。通过引入生动的动画元素或炫酷的视觉特效，创作者能够在短时间内吸引用户的眼球，创作出更为引人注目的视频内容。这种技术创新也成为短视频创作中的重要趋势。在短视频创作中，制作趣味性和引人入胜的剧情是至关重要的。一个吸引人的故事情节可以让用户在短时间内产生情感共鸣，并且留下深刻的印象。为此，创作者们需要设计有趣、紧凑而引人入胜的剧情梗概，让用户能够在观看视频的过程中体验到情感高潮。

另一种常见的策略是通过巧妙安排情节，引发用户的好奇心和探索欲。例如，创作者可以设置一系列扣人心弦的情节转折，让用户难以预测故事的发展方向，从而增加用户的紧张感和期待值。此外，添加一些幽默元素或出人意料的情节转折也是吸引用户的有效方法，能够让他们在欢笑中享受观影体验。另外，创作者还可以通过塑造鲜明的人物形象来丰富剧情。每个角色都应该有自己独特的性格特点和动机，使用户能够更好地理解和投入到故事情节之中。通过角色之间的冲突、合作或者成长，创作者可以展现出丰富多彩的人物关系，增加剧情的吸引力和张力。

为了不陷入创作的僵局，创作者需要积极探索新的题材和主题，以保持内容的新鲜感，吸引更广泛的用户群体。在短视频创作中，涉及社会热点、科技创新、文化元素等多个领域的新题材都具有吸引力。首先，探索社会热点是吸引用户关注的有效途径之一。创作者可以选择与时事相关的话题，如环保、社会公益、家庭伦理等，通过独特的视角和创意的表现方式，引起用户的思考和共鸣。其次，科技创新也是一个充满潜力的创作领域。随着科技的不断发展，新兴技术和创新应用不断涌现，为创作者提供了丰富的素材和灵感。创作者可以探索人工智能、虚拟现实、区块链等科技领域的主题，将其融入视频创作中，吸引科技爱好者和广大用户的关注。此外，文化元素也是一个丰富多彩的创作资源。创作者可以挖掘传统文化、民俗风情、地方特色等丰富多彩的文化元素，通过生动有趣的故事呈现方式，展现出文化的魅力和传承的价值，引发用户的兴趣和共鸣。比如我们常见的：各地美食通过美食博主探店的方式，身临其境、绘声绘色地呈现出来，再联结起当地的历史文化背景和风土人情，使得这类短视频作品内涵与"颜值"并存，很受大众喜爱。

在短视频创作中，与用户的互动也可以增加内容创作的参与感，并加深用户与创作者之间的互动关系。通过采纳用户的建议和意见，创作者能够更好地满足用户的期待，提升内容的质量和吸引力。一种常见的创新是在视频中设置互动环节。创作者可以在视频中引入问题、挑战或者互动游戏等元素，鼓励用户参与到视频内容中来，增加他们的参与感和投入度。例如，创作者可以设置投票环节，让用户选择剧情发展的方向或者喜欢的角色，从而引起用户的共鸣。此外，创作者还可以通过社交媒体平台发布视频预告、幕后花絮或者与用户进行即时互动，回答用户的问题和留言，增强与用户之间的互动关系，并促进内容的传播和分享。

在当今社交媒体时代，创作者可以积极利用各种社交媒体和短视频平台提供的功能，来增强视频的观看体验，吸引更多的用户参与。首先，直播功能是一个很好的选择。通过在社交媒体平台上进行直播，创作者能够与用户实时互动，分享幕后花絮、创作过程等内容，提升视频的吸引力和用户留存率。其次，互动投票是另一个吸引用户参与的有效手段。创作者可以设置投票环节，让用户参与到视频内容的创作中来，从而提升视频的观看体验和分享度。此外，表情包等特殊功能也可以增加视频的趣味性和互动性。创作者可以在视频中加入一些有趣的表情包或者动态贴纸，增加视频的趣味性和分享度，吸引更多的用户参与互动。

第二节　全媒体环境下短视频的传播途径

在全媒体环境下，短视频的传播途径变得多元且广泛，涵盖了各种平台和渠道。社交媒体平台、视频分享平台、短视频应用程序等成为短视频传播的主要阵地。此外，短视频还通过短信、电子邮件等即时通信工具等方式进行传播。跨平台传播也是短视频的特征之一，用户可以将短视频分享到不同的平台上，扩大其传播范围。这种多元化的传播途径使得短视频能够迅速传播给广泛的受众群体，实现信息的快速传播和互动交流。笔者对全媒体环境下短视频传播途径进行了深入分析，从社交媒体平台等方面来进行论述。

一、社交媒体和视频分享平台

社交媒体平台是短视频传播的主要阵地，如抖音、快手等平台已成为用户友好的短视频分享和互动平台。在这些平台上通过简便的操作，用户可以轻松创作、分享短视频，并与其他用户互动。抖音以其创新的算法推荐和音乐表达而备受欢迎，快手则注重用户生成内容的多样性。社交媒体平台的广泛用户基础和强大的社交网络效应促使短视频在这些平台上快速传播，成为全球范围内影响力极大的媒体形式。通过用户的点赞、评论和分享，短视频在社交媒体上迅速传播，形成爆款现象。这种互动机制使优质内容得以迅速传达给用户，因而引起更多用户的关注。点赞是对内容的肯定，评论则促进用户间的交流，而分享将视频扩散到更广泛的用户中。这一用户参与的过程不仅加强了创作者与用户之间的互动，也为短视频在社交媒体上赋予了更为广泛的影响力。爆款现象的出现往往意味着短视频的内容成功吸引了大量用户，进而在社交网络中广泛传播，加速其在全球范围内的传播和影响力扩大。平台的推荐算法通过分析用户的兴趣、历史浏览记录和互动行为，使用户能够在无意间发现更多感兴趣的短视频内容。这种个性化的推荐系统帮助用户定制他们的内容流，使其更符合个人口味。当用户与某一短视频互动后，推荐算法会智能地提供相似主题或风格的内容，从而激发用户的兴趣。这种推荐机制不仅提高了用户体验度，也为创作者提供了更广泛的观众基础，推动短视频在平台上的更快速传播。因此，推荐算法在社交媒体平台上的应用为用户提供了更加个性化和多样化的短视频内容体验。

抖音、快手等视频分享平台也成为短视频传播的场所。随着短视频的兴起，创作者逐渐在这些平台上分享更短、富有创意的视频内容。在抖音上，原本以长视频为主的内容创作者开始制作短视频系列，以适应观众对于更迅速、紧凑内容的需求。短视频形式在这些平台上引入了更多新颖和创意的元素，为创作者提供了展示独特才华的机会。

抖音的短视频功能和快手的短片专区为创作者提供了展示才华和创意的机会，同时也让用户能够在这些平台上发现各种类型的短视频内容。这些平台庞大的用户基础和强大的搜索功能为短视频提供了更广泛的传播渠道，使得短视频能够吸引更多用户。抖音作为全球最大的视频分享平台之一，推出的短视频功能让创作者能够更灵活地展示创意和才华。用户可以通过订阅、点赞、评论等互动方式参与短视频内容，形成更加紧密的创作者与观众互动社群。快手则设有专门的短片专区，为短视频提供了独特的展示平台。这个专区的存在使得用户能够更方便地发现和浏览高质量的短片作品，同时也为创作者提供了一个专注于短视频的创作空间。

这两个平台都具有强大的用户基础，让短视频能够迅速传播至各个角落。通过这些平台，创作者可以获得更大范围的曝光，与广大用户进行交流，实现更广范围的传播。

二、网站和新闻媒体

许多网站和新闻媒体在其平台上嵌入或分享短视频以吸引更多用户。这些短视频可能是新闻事件的摘要、专题报道的亮点，或者是与网站主题相关的有趣内容。通过这种方式，短视频能够在更广的范围内传播。

网站和新闻媒体通过嵌入或分享短视频，以更生动、直观的方式向用户呈现信息。短视频能够在短时间内传达关键信息，使用户更迅速地了解新闻事件或专题报道的重点。这种形式也增加了用户与新闻和媒体内容的互动。用户可以通过评论、分享等方式参与讨论，形成更加活跃的社交互动。同时，短视频的直观性和趣味性也提高了用户留存率和参与度。

在网站和新闻媒体平台上分享短视频还有助于吸引更多用户，特别是那些更倾向于通过视觉方式获取信息的用户。这种多媒体形式的内容展示在当前信息爆炸的时代更加符合用户碎片化时间的浏览习惯。

网站和新闻媒体通过嵌入或分享短视频，不仅提升了内容的吸引力和互动性，也满足了用户在信息获取上的多样化需求，进一步推动了短视频的传播。通过这种方式，网站和新闻媒体能够用短视频形式迅速传达关键信息，吸引用户的注意力。

对于新闻事件，短视频提供了一种快速浏览和了解的方式。用户可以通过观看短视频，迅速了解事件的要点和亮点，为深入了解事件提供了入口。这种形式适应了当代用户对信息快速获取的需求。

对于专题报道，短视频可以呈现其中的精华部分，吸引用户进一步关注整个报道。这样的亮点短视频有助于引导用户深入阅读或观看完整的报道，提高内容的传播效果。与网站主题相关的有趣内容则通过短视频形式增加了趣味性，使用户更愿意留在网站上浏览。这样的短视频有助于增强用户与网站之间的互动，提高用户对网站的黏性。

通过这种方式，短视频能够在更广的范围中传播。当网站和新闻媒体嵌入或分享短视频时，这些视频可以通过不同的在线平台传播，包括社交媒体、视频分享平台以及其他数字媒体渠道。

三、移动应用和游戏平台

一些移动应用和游戏平台积极采用短视频作为内容传播手段，为用户提供更为丰富的娱乐体验。在移动应用和游戏平台中，短视频作为一种快速、生动的传播形式，被广泛用于展示游戏玩法、新功能介绍、用户体验分享等。

通过短视频，用户能够迅速了解应用或游戏的特点，提高用户对产品的认知度和兴趣。一些游戏平台甚至内置了短视频分享功能，让玩家能够轻松地录制并分享他们的游戏高光时刻，增加游戏社区的互动性。这种形式不仅为用户提供了娱乐的途径，也促使用户更积极地参与到平台社区中。移动应用和游戏平台通过短视频，丰富了用户在平台上的互动体验。短视频的即时性和直观性使得用户能够更直接地感受到应用或游戏的特色，从而更容易吸引和留住用户。这种趋势不仅提升了平台的吸引力，同时也为用户提供了更多元化、有趣的娱乐内容选择。因此，短视频在移动应用和游戏平台上的应用成为提升用户体验和平台活跃度的有效手段。这种融合使得短视频深入到用户在移动应用和游戏平台上的方方面面。用户可以在使用相关应用的过程中同时产生并分享短视频，这使得这些平台不再仅仅是单一功能的应用，而成为一个更为多元化和有趣的娱乐空间；同时这也为创作者提供了更广泛的展示和传播机会，促进了用户之间的互动，推动了短视频在移动应用和游戏领域的普及。因此，移动应用和游戏平台在全媒体环境下充当了推动短视频传播的重要角色。

四、品牌和广告宣传

品牌和广告宣传也可以以短视频的方式进行推广。

首先，短视频能够更迅速、直观地吸引用户的注意力。在短短的时间内，品牌可以通过生动的画面、吸引人的音乐和创意的内容迅速传递核心信息，引起用户兴趣，增强广告的记忆度。其次，短视频平台如抖音、快手等提供了广泛的用户基础，品牌能够通过在这些平台上发布短视频，实现更全面的受众覆盖。用户在浏览社交媒体时，品牌可以通过短视频融入用户日常生活，更容易引起关注，形成更直接的品牌互动。

短视频的易传播性也使得品牌的宣传更具传染性。用户在观看短视频时可以轻松进行分享、评论或点赞，从而将品牌内容传播给更多人。这种用户参与度高的传播方式进一步加强了品牌与用户之间的互动，形成了品牌口碑的积极传播。

品牌和广告商通过充分利用短视频的特性，能够在全媒体环境中更有效地进行宣传和推广。这种形式的短视频成为品牌建设和推广的有力工具，为用户提供了更富有创意和娱乐性的品牌体验。

五、直播平台

短视频与直播平台的结合形成了一种强大的传播途径。通过在直播过程中使用短视频，能够快速展示主播精彩瞬间，增加直播的趣味性和吸引力。观众可以通过这些短视频迅速了解直播内容，激发兴趣，提高直播观看率。短视频在直播平台中的使用还有助于增加直播内容的互动性。主播可以通过短视频展示观众的打赏、评论互动等情况，加深与观众的互动关系，提高直播的参与感和娱乐性。

短视频与直播平台的结合为内容创作者提供了更灵活、生动的传播手段，同时也提升了观众的参与体验，形成了一个强大的传播途径。

这种结合还为主播提供了更灵活的内容创作方式，使其能够在直播之外通过短视频预告、互动等形式与粉丝保持联系，建立更紧密的社群关系。同时，用户也可以在直播结束后通过短视频回顾直播的精彩瞬间，增加互动性和观赏性。

一些直播平台允许主播在直播过程中通过短视频分享精彩瞬间，这不仅提高了观众的互动体验，同时满足了用户对即时性内容的需求。主播通过短视频分享可以迅速展示高潮部分、搞笑瞬间或其他吸引人的内容，引起观众的关注和参与。这种方式使直播平台更具娱乐性，观众能够更直观地感受到直播的精彩瞬间，提高了整体观看体验。同时，这也为主播创造了更多展示个人创意和才华的机会，加深了观众与主播之间的互动和黏性。

六、搜索引擎和推荐引擎

搜索引擎和推荐引擎在全媒体环境下发挥着重要作用。用户可以通过搜索引擎寻找特定主题或内容的短视频，使得短视频更容易被发现。搜索引擎的优秀算法能够根据用户的搜索历史、兴趣爱好等提供个性化的搜索结果，提高用户对相关内容的满意度。推荐引擎则基于用户的行为、喜好等数据为用户推荐个性化的短视频内容。通过分析用户的观看历史、点赞、分享等互动行为，推荐引擎能够更精准地向用户推送他们可能感兴趣的内容，提升用户体验。

这两种引擎的作用加强了短视频在全媒体环境中的传播效果。用户能够更方便地找到符合其兴趣的短视频，同时推荐引擎的个性化推荐也使得用户有更大可能性发现新的感兴趣的内容，丰富了用户的观看体验。搜索引擎和推荐引擎不仅提高了短视频的可见性，也促使用户在全媒体环境中更积极地参与和发现内容。用户可以通过搜索引擎找到特定主题或内容的短视频，而推荐引擎则基于用户的兴趣、历史浏览记录等提供个性化推荐，推动短视频在更广泛的用户中传播。搜索引擎通过关键词匹配和排名算法，使用户能够迅速找到符合其需求的短视频，提高了用户对特定内容的检索效率。推荐引擎则利用机器学习和数据分析，分析用户的观看历史、点赞、分享等行为，从而了解用户的兴趣和喜好。通过这种方式，推荐引擎能够向用户推荐更符合其口味的短视频，增加用户在平台上的停留时间，提高用户满意度。

这两种引擎共同作用，使得用户更容易找到感兴趣的短视频内容并与之进行互动。搜索引擎提供了主动寻找的方式，而推荐引擎则通过被动推送的方式拓展了用户的内容发现范围。这种个性化的搜索和推荐机制促使短视频在全媒体环境中更广泛地传播，同时也提升了用户体验。

七、社交聊天应用

社交聊天应用如微信、QQ 等也开始支持短视频分享，这为用户提供了在私人聊天中分享有趣短视频的新途径。通过在聊天应用中添加短视频功能，用户可以更轻松地与朋友、家人分享自己创作或喜欢的短视频，拉近人与人之间的沟通距离。

这种支持短视频分享的特性不仅使得社交聊天更为生动有趣，

同时也使得用户在私人交流中能够更富有表达力。通过短视频，用户能够传递更多情感、趣味和个性化的内容，丰富了社交互动的形式。

在社交聊天应用中，用户可以通过录制和分享短视频表达自己的情感、展现日常生活，或者分享一些有趣的瞬间。这种形式相较于纯文本或图片，更直观地展示了用户的真实情感和个性，提升了交流的趣味性和亲密度。

短视频在私人交流中的运用也增加了用户之间的互动性。朋友、家人或同事之间通过短视频分享可以更生动地展示彼此的生活，拉近彼此之间的距离。这种形式的社交互动更具创意和娱乐性，让用户在交流中感到更轻松和愉快。此外，短视频在社交聊天中的应用也为用户提供了更多展示个性和创意的机会。用户可以通过各种特效、音乐、剧情梗概等方式制作独特的短视频，增添了社交的多样性和趣味性。

社交聊天应用成为短视频传播的一部分，不仅加强了用户之间的沟通，也使得短视频更加贴近用户的日常生活。这一趋势也促进了更广泛的短视频分享，从而在社交网络中形成更为丰富和多样化的内容体验。

用户可以通过聊天应用与朋友分享有趣的瞬间，从而使短视频通过私人社交网络传播。这种方式不仅拉近了朋友之间的关系，也为短视频提供了更加私密而直接的传播途径。

在聊天应用中，用户可以通过轻松地操作选择并分享自己喜欢的短视频，与朋友一同欣赏、讨论。这种分享机制使得有趣的短视频能够在小范围内迅速传播，增加了内容的曝光度。通过私人社交网络的传播，短视频更容易引起朋友圈内的关注和互动。

这种私人分享的方式也为用户提供了更加自由和个性化的社交体验。通过在聊天中分享短视频，用户能够更贴近自己的兴趣和生活，增进与朋友之间的交流，形成更为亲密的社交关系。

八、网红和 KOL 渠道

一些网络红人（网红）和意见领袖（KOL）通过自己的社交媒体账号、博客或抖音频道分享短视频。这些人在社交媒体上拥有大量的粉丝和关注者，通过短视频形式展示各种内容，包括生活趣事、创意作品、产品体验等。这些网络红人和 KOL 的短视频分享在他们的粉丝群体中产生了强大的影响力。他们的个人特色和独特风格吸引了大量用户，同时也为品牌合作提供了有效的宣传途径。这些短视频通过个人社交媒体渠道的传播，让网红和 KOL 能够与粉丝建立更亲密的联结，形成稳固的粉丝基础。这种形式的短视频分享不仅推动了网络红人和 KOL 的个人品牌建设，也在社交媒体上创造了更加丰富、多元的内容生态。用户通过这些短视频可以更直观地感受到网红和 KOL 的生活态度、品味和观点，加深了用户与创作者之间的互动和信任关系。网络红人和 KOL 通过短视频形式展示自己的生活、工作、兴趣等方面，使用户更容易与他们建立情感共鸣。这种直观的展示方式不仅让用户更好地了解创作者，也使得创作者的个人品牌更加鲜明和有深度。

用户通过在短视频下方的评论、点赞等互动方式，能够更直接地表达自己的喜好、看法，形成了一种紧密的社交互动。这种互动不仅增强了用户与创作者之间的联系，也促进了社交媒体平台上更加丰富的内容生态。由于短视频的即时性和易分享性，用户更容易参与到内容创作和传播过程中。这样的互动机制进一步拉近了用户与创作者之间的距离，建立了更为紧密的社交关系，使得社交媒体平台成为一个互动性更强和更加有趣的社交空间。由于其在特定领域的专业性，这些个人在社交媒体上的推广更加有针对性，能够快速引起关注，形成一定的话题性讨论。

由于短视频的快速传播特性，这些专业领域的短视频往往能够在社交媒体上迅速引起关注，形成一定的话题性讨论。用户在评论区分享自己的看法、经验，与创作者进行互动，形成一个共同探讨的社区。此外，这种专业性的短视频内容也为品牌和广告商提供了更有针对性的合作机会。由于创作者在特定领域的专业性，与品牌合作时更容易传达清晰的信息，更吸引目标受众的关注。这种传播途径不仅能够有效地推动个人品牌的塑造和扩展，也为品牌合作提供了一个直接而有效的宣传平台。品牌通过与具有影响力的网络红人和 KOL 合作，借助他们的社交媒体平台，能够迅速将短视频传播到大量目标受众面前，从而提高品牌的知名度和认可度。

九、教育和培训平台

教育和培训领域也在广泛应用短视频。教育机构、企业培训部门以及个人教育者纷纷利用短视频的优势，为学生和员工提供更生动、便捷的学习体验。通过短视频，教育者能够以更直观、简洁的方式传达知识点，使其更容易理解和记忆。短视频适用于各种学科和技能培训，包括语言学习、科学实验、职业技能等，因为它能够在短时间内呈现重要信息，激发学生的学习兴趣。另外，短视频还为学生提供了自主学习的机会。学生可以在任何时间、任何地点通过观看短视频进行学习，这适应了个体差异化学习的需求。这种自主学习的方式有助于提高学习的效果和灵活性。

短视频也被广泛用于企业培训领域。企业通过制作短视频来培训员工的专业技能，使员工熟悉公司政策等，这样既提高了培训效果，又降低了培训的成本。

短视频也被应用于一些在线学习平台，通过短视频提供精练的知识点，使得学习变得更生动有趣。这种传播方式满足了用户对轻松学习方式的需求，通过短视频呈现的内容更加生动、直观，更能吸引学生的兴趣。

短视频在在线学习中可以快速而有效地传达重要概念和知识点，提高学生的学习效率。学习者通过观看短视频可以更容易理解抽象概念，减少学习的难度，同时也能够在短时间内获取到重要信息。

这种学习方式不仅增加了学习的趣味性，还使得学生能够在碎片化的时间内进行学习，适应了现代生活的快节奏和多任务的特点。在线学习平台通过短视频提供的精练知识点，有效地满足了学习者对灵活、便捷学习方式的追求。

在全媒体环境下，短视频的传播途径呈现多元和复杂的趋势，创作者和平台需要灵活运用各种渠道，以确保内容更好地触达目标受众。

第三节　短视频对媒体行业的影响

短视频的普及程度在全球范围内迅速提高，成为社交媒体和互联网文化中不可或缺的一部分。许多品牌、名人和内容创作者也加入短视频平台，利用其广泛的传播性质推广品牌、分享生活，进一步推动了短视频的兴起和发展。

短视频已经深刻改变了人们获取信息和娱乐的方式，同时也为个人和企业提供了新的表达和推广的途径。其轻松、生动的特性使得短视频在全球范围内迅速普及，并成为当代数字文化中不可或缺的元素。

一、短视频对媒体行业的积极影响

短视频的兴起为媒体行业带来了创新的内容形式。传统的媒体内容主要以文字、图片和长视频为主，而短视频则以其简洁、生动的形式吸引了大量用户的注意力。这种创新形式不仅使信息更加直观易懂，也更符合现代人快节奏生活的需求。媒体机构通过制作短视频，能够更好地传播信息、吸引用户，并且在各类社交平台上获得更广泛的传播。因此，短视频的出现不仅丰富了媒体内容传播形式，也为媒体行业带来了新的发展机遇。短视频在创新内容形式、提高用户参与度、扩大受众范围等方面对媒体行业产生了积极影响。

1. 创新内容形式

短视频的兴起推动了媒体行业创新内容的形式。传统媒体在适应短视频潮流时，不仅提供了更紧凑的新闻报道，还探索了更具创意和娱乐性的表达方式，使内容更加吸引人。在新闻报道方面，传统媒体通过短视频更快速、生动地呈现新闻要点。由于短视频的时长限制，传统媒体不得不提炼信息，注重新闻的核心内容，使报道更为紧凑和精练。这种变革使得新闻更适应用户碎片化时间的浏览需求，提高了信息传递的效率。同时，传统媒体也在短视频领域尝试更富创意和娱乐性的表达方式。通过采用影视化手法、讲故事的方式或添加趣味元素，传统媒体能够吸引更多观众的关注，使内容更具吸引力。这种创意的尝试有助于巩固传统媒体在数字时代的地位，更好地适应年轻观众的口味和需求。短视频推动了传统媒体在内容表达上的创新，促使其更灵活地适应当今数字化、碎片化的媒体流行趋势。

2. 提高用户参与度

短视频的生动性和易消化性使用户更容易参与。媒体机构通过在社交媒体平台分享短视频，吸引更多用户互动、分享和评论，从而提高了用户的参与度。由于短视频通常在数秒到数分钟之间，用户愿意花更短的时间迅速浏览，这符合当代社交媒体用户碎片化时间的浏览习惯。媒体机构利用这种特性，通过发布生动有趣的短视频，能够更轻松地吸引用户的眼球。

社交媒体平台提供了便捷的分享和互动机制，用户可以通过点赞、评论和分享表达对短视频的喜好。这种参与行为不仅拉近了媒体机构和观众的距离，也使得内容能够更广泛地传播，形成更为活跃的社交互动。媒体机构通过深入社交媒体平台，充分利用短视频的互动性，不仅提高了用户的参与度，还与之建立了更紧密的互动关系。这对于媒体机构来说，不仅增加了品牌曝光，也为建立忠诚用户基础创造了有利条件。总体而言，短视频在提高用户参与度方面为媒体机构带来了显著的积极影响。

3. 扩大受众范围

短视频通过社交媒体和视频平台广泛传播吸引了大量新观众，

给媒体行业带来了多方面的影响和机遇。这些平台为用户提供了一个创作和分享短视频的便捷途径，使得短视频能够迅速传播并吸引大量观众。短视频的流行也改变了人们获取信息和娱乐的方式，许多人现在更倾向于通过短视频来获取新闻、知识和娱乐内容。这为媒体行业带来了新的市场和商业机会，吸引了更多的广告商和投资者的关注。

短视频在社交媒体上的普及为媒体机构提供了一个有效的渠道，更轻松地触及年轻且移动设备使用频繁的受众群体。这种趋势有助于媒体机构更好地适应年青一代用户的消费习惯和需求。由于年轻人倾向于在短时间内获取信息，短视频成为一种符合其浏览习惯的理想选择。媒体机构通过巧妙运用短视频形式，能够更具吸引力、更生动地传递信息，从而提高内容的分享和传播效果。这不仅拓展了媒体机构的受众范围，也促使它们更灵活地调整内容形式，以迎合观众的口味和兴趣。因此，短视频在社交媒体上的广泛应用，在媒体机构与年青一代用户之间建立了更为紧密的联系，为未来的媒体发展提供了有力支持。通过社交媒体平台的短视频传播，媒体机构能够以更轻松、生动的方式推广自身品牌，有效地提升知名度并吸引更多关注。短视频具有易分享、快速传播的特点，能够在短时间内迅速传达信息，引起观众的兴趣。通过巧妙的内容策划和创意表达，媒体机构能够打造有趣的、引人入胜的短视频，使观众在短暂的时间内建立对品牌的认知和好感。这种形式不仅吸引了年轻且移动设备使用频繁的受众，也为媒体机构创造了更广泛的传播渠道。通过频繁更新短视频内容，媒体机构能够保持与用户的互动，促进品牌形象的深度沉淀。因此，社交媒体平台的短视频传播为媒体机构提供了一种强有力的品牌推广工具，有助于加强媒体机构与受众之间的联结，收获更广泛的市场影响。

短视频平台因其庞大的用户基础和高活跃度，已成为广告投放的热门领域。媒体机构通过在短视频中巧妙地插入广告或与品牌合作，成功创造了新的广告变现途径，显著提高了盈利能力。在短视频中嵌入的广告形式通常更具创意和趣味性，能够更好地引起用户的注意。与此同时，由于短视频平台的社交属性，广告内容更容易在用户之间传播，增加了品牌曝光机会。媒体机构与品牌的合作也为广告商提供了更直接、个性化的营销渠道，有助于深化品牌与受众之间的关系。这种新的广告变现模式不仅为媒体机构创造了更多的商业机会，也为广告主提供了更有效的广告传播方式，实现了双赢。因此，短视频平台成为媒体机构创造收入的重要渠道，为整个广告行业带来了创新和发展。通过借助短视频的吸引力，媒体机构得以吸引大量用户，并巧妙引导他们逐步了解和涉足传统内容，从而实现用户的深度参与，构建内容新生态。

短视频作为一种生动、快捷的传播方式，能够迅速吸引用户的眼球，激发兴趣。媒体机构可通过在短视频中巧妙安插传统内容的元素，引导用户主动去了解更多相关信息。通过这种引导，用户逐渐被吸引进入更深层次的内容，从而建立对媒体机构的信任和依赖。这种深度参与的过程不仅提升了用户对传统内容的理解和欣赏，也为媒体机构积累了更为坚实的用户基础。

最终，媒体机构能够在短视频和传统内容之间形成良好的互动关系，构建全面的内容生态，实现用户的深层次参与和互动。这种策略有助于媒体机构更全面、深入地满足不同用户群体的需求，推动内容生态的健康发展。通过短视频的社交分享机制，媒体机构能够在社交媒体上提升存在感，与受众更紧密互动，建立更强大的社交媒体品牌形象。短视频易于分享，用户通过将有趣、引人入胜的短视频分享至社交平台，成为媒体机构品牌的传播者。这种口碑传播不仅扩大了媒体机构的受众群体，还有效提高了品牌的曝光度。通过与受众的社交互动，媒体机构能够更深入地了解受众需求，更精准地调整内容策略。社交媒体上频繁的分享和评论为媒体机构提供了及时的反馈，有助于与用户建立更紧密的关系。这样的互动机制有助于增强媒体机构在社交媒体上的品牌形象，使其成为受众关注和信任的中心。通过短视频的社交分享，媒体机构能够更加灵活地借助社交媒体平台，打造更具吸引力和影响力的品牌形象，实现社交媒体上的更为成功的品牌推广。

除此以外，短视频在社交媒体上的广泛传播为媒体机构提供了更广阔的发展空间，同时也促使其在增加广告变现机会、推动内容创意竞争等方面进行创新和适应。

（1）增加广告变现机会。短视频平台为媒体提供了新的广告变现途径。通过在短视频中插入广告或与品牌合作，媒体机构能够获得新的收入来源，提高盈利能力。在短视频平台上，媒体机构可以与品牌合作创作有创意、有趣的广告内容，将其融入短视频中，以更自然、娱乐的方式呈现给用户。这种形式的广告更容易引起用户的注意，与传统广告形式相比更具吸引力。同时，短视频平台通常拥有庞大的用户基础，品牌能够通过投放广告在这些平台上，迅速触达大量潜在消费者。这为品牌提供了在社交媒体上建立品牌形象、推广产品和服务的机会。对于媒体机构而言，通过广告合作，它们能够在创作短视频的过程中获得收益，同时也能够为用户提供免费的内容。这种广告变现的模式促使媒体机构创作更多高质量的短视频内容，提高了盈利能力。短视频平台为媒体机构提供了一种创新的广告变现途径，通过与品牌合作创作吸引人的广告内容，实现了内容创作者和品牌之间的共赢局面。

（2）推动内容创意竞争。短视频的兴起激发了内容创意的竞争。媒体行业不仅需要迎合用户短时间内的关注，还需通过创意手段吸引用户。这推动了媒体行业提升创意水平，提供更具吸引力的内容。由于短视频的时长限制，内容创作者必须在极短的时间内传达有趣、引人入胜的信息。这促使媒体机构不断探索新的创意表达方式，包括影视化手法、创新的叙事方式以及富有趣味性的元素。创意的竞争不仅体现在内容的形式上，还包括主题的选择、音乐的运用、剪辑技巧等方面。媒体行业通过推陈出新，不断追求创意的突破，以在激烈的市场竞争中脱颖而出。用户在面对大量短视频选择时更容易被吸引，而吸引用户关注的关键在于内容的创意性。因此，媒体行业在提升创意水平的同时，也更好地满足了用户对多样化、新颖化内容的需求。

短视频给媒体行业带来了创新、提高用户参与度、扩大受众范围、增加广告变现机会以及推动内容创意竞争等积极影响，使媒体更好地顺应了当今数字化、碎片化信息消费的趋势。

二、短视频对媒体行业的挑战

传统媒体面临着来自短视频和数字媒体的竞争压力。随着互联网的发展和移动设备的普及，人们获取信息的方式发生了变化。短视频以其短小精悍、易于传播和互动性强的特点，吸引了大量用户的关注。与此同时，数字媒体也在不断发展，提供了更多的个性化和定制化内容。这些新兴媒体形式的兴起，对传统媒体的市场份额和广告收入造成了一定的冲击。在笔者看来，这种竞争压力主要体现在用户时间碎片化、用户习惯变化、社交分享效应方面。

1. 用户时间碎片化

短视频的兴起使用户更倾向于在碎片化的时间内获取内容，而传统媒体通常提供较长的节目或报道，难以适应这种快节奏的生活需求。

用户在日常生活中的碎片化时间，例如等车、排队或休息时，更愿意选择短时间内能够迅速获取娱乐或信息的内容。短视频的时长通常较短，符合用户在这些瞬间迅速消费内容的习惯。传统媒体的长篇节目或报道往往需要较长的观看时间，这与用户碎片化的时间安排不太匹配。用户更趋向于选择在短时间内完成的短视频，以满足他们快速获取信息或娱乐的需求。这种趋势使得传统媒体需要重新思考内容呈现的形式和时长，以更好地适应用户碎片化的时间消费模式。通过创新内容传播形式、提供更短时长的节目或通过社交媒体平台推送短视频片段，传统媒体可以更好地满足用户的快节奏消费需求。

2. 用户习惯变化

年青一代用户更喜欢通过短视频平台获取信息和娱乐，逐渐形成了新的媒体消费习惯。这使得传统媒体需要调整内容形式和传播策略，以留住年轻用户。

短视频平台在提供轻松、有趣、富有创意的内容方面具有独特优势，吸引了大量年轻用户。这些平台以其快节奏、时尚潮流的特点，成功吸引了年青一代用户的注意力。传统媒体在面对这一趋势时，需要更加注重创意和多样性，以满足年轻用户对内容的多元化需求。这可能包括采用更生动有趣的呈现方式、整合社交媒体元素、加强与年轻受众的互动等。此外，传统媒体也可以通过与短视频平台的合作或者在社交媒体上推送短视频片段，增强自身在数字媒体领域的存在感。通过融入短视频元素，传统媒体能够更好地吸引年轻用户，保持其在竞争激烈的媒体市场中的地位。

3. 社交分享效应

短视频在社交媒体上的广泛传播，通过用户的点赞、评论和分享形成爆款内容。传统媒体需要应对这种社交分享效应，提高自身在社交媒体平台上的存在感。

社交分享效应是短视频成功传播的关键因素之一，因为用户通过分享喜欢的内容，将其推荐给更多人，从而扩大了影响范围。由于时代的变化，传统媒体需要采取一些方法来提升自身在社交媒体上的价值，同时也有一些方面值得注意。

（1）创作易分享的内容。制作容易引发共鸣和分享的内容，包括有趣、感人或引发讨论的主题，从而激发用户的分享欲望，这是短视频制作的关键策略。主要包括：注入幽默、创意或出人意料的元素，使用户在短时间内感到愉悦，提高分享的欲望；利用情感元素，触动用户的情感，引发共鸣，从而激发用户的分享欲望；提出引发用户思考和讨论的话题，激发用户参与，增加内容的传播性；在有限的时间内清晰地传递信息，确保用户能够迅速理解并愿意分享给他人。这些策略有助于提高短视频在社交媒体上的分享次数，扩大影响力，同时也增加用户与内容的互动性。

（2）社交媒体整合。将社交媒体元素融入传统媒体的内容中，媒体机构能够积极促进用户参与，增强互动性。通过鼓励用户分享他们的看法、评论或通过社交媒体平台参与互动，媒体机构打破了传统媒体与用户之间的单向沟通模式。这种互动性不仅加强了用户的参与感，也提高了内容的吸引力和分享性。媒体机构可以设置特定的互动话题、投票或挑战，通过社交媒体平台实时收集用户反馈，平台内容更贴近用户兴趣。同时，用户在社交媒体上的分享也为平台提供了更广泛的曝光机会，促使更多人参与讨论和关注。通过整合社交媒体元素，传统媒体实现了与用户更为密切的互动，搭建了一个更具参与性和社交性的内容平台，有效推动了传统媒体的创新和发展。

（3）与短视频平台合作。与短视频平台合作，将传统媒体的内容引入这些平台，是一种有效的策略，能够扩大受众群体并充分利用平台的社交分享机制。传统媒体通过与短视频平台合作，能够将其丰富的内容快速、生动地传达给年轻且移动设备使用频繁的受众。这样的合作不仅扩大了传统媒体的用户基础，也为用户提供了更多元化的内容选择。通过在短视频平台上分享传统媒体的精选片段或制作专属短视频，媒体机构能够更好地利用平台的社交分享机制，迅速扩散内容，引起用户的兴趣。这种合作模式使传统媒体更具创新性和时尚感，有效利用了短视频平台的社交属性，加深了传统媒体与年轻用户的互动，为媒体机构带来更多发展机会。

（4）定期互动。通过社交媒体定期与用户互动是传统媒体适应社交分享趋势的重要策略。媒体机构可以通过回应评论、解答用户提问，或举办线上活动等方式，增强与用户的互动性，与之建立更亲密的关系。这种双向沟通不仅提高了用户对内容的投入感，还加强了品牌与用户之间的联结。回应评论和提问展示了媒体机构的关注和尊重，为用户提供了更深入了解内容的机会。通过举办线上活动，如问答环节、直播互动等，媒体机构可以更直接地与用户互动，为其创造独特的体验，增加用户黏性。此外，借助这些互动形式，媒体机构可以更好地了解用户的喜好和需求，有针对性地调整内容，提高吸引力。这些策略有助于传统媒体在社交媒体平台上提高知名度，通过用户的积极参与和分享，扩大内容传播范围。通过建立更为积极的社交媒体存在，传统媒体能够有效吸引更多用户参与、分享内容，进而提升影响力，适应社交分享的趋势，实现更为持续的用户关注量增长。

（5）广告竞争。短视频的崛起使短视频平台成为吸引广告投放的热门场所，吸引了大量广告主的关注。传统媒体在广告市场上面临激烈竞争，需要找到广告变现的创新途径以保持盈利水平。为了应对这一挑战，传统媒体可以考虑与短视频平台展开合作，将自身内容融入短视频形式，并通过与平台的互动吸引广告主的投放。此外，传统媒体还可探索跨平台整合，将短视频内容与其他媒体形式结合，提供更全面、多样化的广告服务。创新广告形式，如互动式广告、虚拟现实广告等，这也是传统媒体应对竞争的一种方式。通过寻找新的广告变现途径，传统媒体能够更好地适应市场变化，保持吸引力，同时为广告主提供更多选择，促进传统媒体广告生态的创新发展。

现如今，年青一代用户更倾向于在短视频平台上消费内容，这种趋势对传统媒体的广告带来了挑战。年青一代用户更喜欢快速、时间短的内容，短视频平台提供了符合他们碎片化时间的消费模式，相比传统媒体更受他们欢迎。由于年轻用户更常在短视频平台上活跃，传统媒体的广告受众逐渐减少，导致广告商需要重新调整策略以吸引目标受众。年青一代更善于通过多种媒体渠道获取信息，传统媒体需要考虑整合多元化的传播方式，以更好地适应年轻用户的媒体使用习惯。

面对年青一代的消费特点，传统媒体需要创新广告形式，使其更符合年轻用户的口味，这可能包括更具创意、趣味性的广告。在传统媒体中引入社交媒体元素，鼓励用户在社交平台上分享广告，以扩大广告影响力。虽然面临挑战，但传统媒体也可以通过创新灵活应对，寻找新的广告变现途径，以留住年青一代用户。短视频平台确实提供了更具创意和多样性的广告形式，这一特点对传统媒体较为传统的广告呈现方式构成了挑战。短视频广告可以采用更富创意、趣味性的内容，吸引用户的关注。这与传统媒体较为经典的广告形式有所不同，更适应年青一代用户的消费习惯。短视频广告常常融入互动元素，鼓励用户参与，如投票、评论等。这种互动性有助于提高用户对广告的参与度，形成更深层次的互动。短视频平台通常支持原生广告的融合，使广告更自然地融入用户浏览的内容中，减少用户的抗拒感。短视频平台为品牌提供更多创意合作的机会，例如与创作者合作制作有趣的广告以增加品牌的社交媒体影响力。平台的推荐算法使得广告更具个性化，根据用户的兴趣和喜好进行精准投放，提高广告的效果。这些特点使得短视频广告更具有创新性和吸引力，对于传统媒体来说，需要不断思考如何在广告领域引入更富有创意和互动性的元素以保持吸引力。

（6）短视频给行业带来的新机遇。短视频的兴起确实激发了媒体创新，使得内容更生动、富有创意，吸引了更广泛的用户。第一，创意表达方式更加丰富，短视频的时长限制促使创作者寻找更创新的表达方式，例如特效、音乐、剧情梗概等，使得内容更富有创意，吸引用户的关注。第二，短视频内容创新进一步得到加强。

制作者在短时间内传达信息的挑战，促使他们不断尝试新的拍摄技巧、独特的叙事方式，从而提高内容的创新性。第三，社交互动性带来了更多机会。短视频平台的社交互动性，使得创作者更积极地与用户互动，吸收反馈并根据用户需求不断改进内容，使创作者与用户形成更紧密的关系。第四，娱乐性和教育性并重。虽然以娱乐为核心，但短视频平台也提供了一些教育性或专业性质的内容，展示了多元化的创作风格。第五，内容生态多样化带来了新的机会。短视频平台的多样化内容生态，吸引了不同领域的创作者，推动了内容创新的竞争。短视频通过其独特的特点催生了媒体内容的创新浪潮，推动了整个媒体行业向更富有创意和生动性的方向发展。

（7）广告变现途径。短视频平台确实为媒体提供了新的广告变现途径，媒体通过创新广告形式和数字化广告策略实现盈利。短视频广告在形式上更具创意，适应了年青一代用户的消费习惯。从品牌合作到原生广告融合，这些创新形式使得广告更加吸引眼球。短视频平台通过数字化广告策略实现了更为精准的广告投放。推荐算法基于用户行为和兴趣，使广告能够更个性化地呈现给目标受众。短视频平台为媒体提供了与品牌合作的机会，通过创作者制作有趣的广告内容，提高品牌在社交媒体上的曝光度。由于短视频在社交媒体上被广泛分享，广告内容也能够通过用户的点赞、评论和分享形成爆款，进一步提高广告的传播效果。短视频平台具有全球性的用户基础，使得广告具有更广泛的传播范围，品牌能够跨越地域限制，吸引更多用户。这些特点使得短视频广告在数字化时代更为切合市场需求，为媒体创造了新的盈利机会。

（8）社交互动。通过社交媒体分享短视频，媒体机构可以更紧密地与用户互动，提高用户参与度。社交媒体平台提供了直接的反馈渠道，用户可以通过点赞、评论和分享等方式即时表达对短视频的看法，形成更即时的互动。用户通过社交媒体分享自己的看法、评论或重制短视频，促使更多的用户生成内容，从而形成更为丰富和有趣的社交互动。短视频在社交媒体上引发的讨论和话题能够增强用户参与感，让用户更积极地参与到与内容相关的讨论中。社交媒体的分享机制使得短视频能够在用户社交圈内更广泛传播，提高内容的曝光度，从而吸引更多用户参与。媒体机构可以通过社交媒体平台组织各种与短视频相关的活动，鼓励用户参与，拉近媒体与用户之间的距离。通过这样的社交互动，媒体机构能够更好地了解用户的需求和反馈，进而优化内容创作，提高用户体验，形成更加活跃和有趣的社交媒体社区。

（9）短视频带来的内容挑战。面对用户碎片化的内容消费趋势，传统媒体需要调整内容形式以适应快节奏的需求。传统媒体可以借鉴短视频的形式，制作更紧凑、生动的内容，以吸引用户在有限的时间内获取信息或娱乐。将信息精练到核心要点，提供更具有吸引力的内容，符合用户在碎片化时间内获取信息的习惯。通过引人入胜的故事情节、有趣的元素或创新的呈现方式，快速吸引用户的注意力，降低用户流失率。利用社交媒体等互动平台，与用户进行更加即时和直接的互动，以增强用户在碎片化时间内的参与感。确保内容在移动设备上的良好适配性，使用户能够随时随地方便地消费内容。通过这些调整，传统媒体可以更好地满足用户碎片化内容消费的需求，提高内容吸引力，增强用户体验，适应当今快节奏的生活方式。短视频的创意竞争压力使得传统媒体需要提升自身的创意水平，以吸引用户。传统媒体可以尝试采用独特的表达方式，如新的叙事手法、创意内容摄影和剪辑技巧，以引起用户的兴趣。尝试推出更新奇、富有创意的内容，包括艺术性的制作、文艺作品等，以拓展传统内容形式。与创作者、艺术家等进行跨界合作，融合不同领域的创意元素，创造更富有创意和独特性的作品。鼓励用户参与创意过程，通过用户生成内容或参与互动活动，激发更广泛的创意灵感。利用多媒体手段，将音乐、图像、文字等元素有机融合，创造更为丰富和引人入胜的内容。通过提升创意水平，传统媒体能够更好地与短视频等新兴媒体形式竞争，保持用户的关注并吸引新的用户群体。这样的努力也有助于传统媒体在创新潮流中保持竞争力。

（10）媒体与行业的应对策略。媒体机构应加速数字化转型，整合数字技术提升内容制作和传播效率。利用数字技术优化内容制作流程，提升内容制作效率，降低成本。运用大数据和分析工具，深入了解用户需求，精准预测趋势，为内容制作提供有力支持，提高内容的吸引力和适应性。将内容数字化并适应不同平台的需求，实现多平台投放，扩大接收群体。利用社交媒体平台与用户能进行更直接的互动，通过用户参与和反馈提升内容的质量和参与度。运用数字技术创新媒体营销手段，包括使用虚拟现实广告、互动广告等形式，提高广告效益。培养数字化领域的专业人才，确保机构内部有足够的数字化能力支持转型。通过这些措施，媒体机构可以更好地适应数字化时代的潮流，提高效率、创新内容并更好地满足用户的需求。

（11）短视频的内容监管。确保短视频内容符合法律法规，制定有效的内容监管和审核机制，提高内容质量。在确保短视频内容符合法律法规、制定有效的内容监管和审核机制、提高内容质量的过程中，我们应采取以下方法：制定并遵循相关法律法规，确保短视频内容在法律框架内合规创作，防止不良信息传播。引入先进的内容审核技术，利用人工智能和机器学习等手段进行内容过滤，及时发现和处理违规内容。建立用户社区监管机制，通过用户举报、投诉等方式，加强对不良内容的监督和处置。定期公开审核标准和流程，确保审核机制的透明性和公正性，增加用户和广告主对媒体或平台的信任。向创作者普及法规和道德规范，引导他们创作正面、有益社会的内容，提高整体内容质量。通过建立健全的监管机制，媒体机构可以有效防范不良内容传播，保障用户安全，提升整体短视频平台的声誉。

（12）社会责任。媒体行业要积极承担社会责任，推动正能量内容传播，避免传播有害信息。媒体机构应积极引导创作者创作正面、有益社会的内容，鼓励传递积极价值观和正向情感。关注社会问题，通过深度报道和专题节目传递正义之声，引导公众关注社会责任和公益事业。提倡真实、客观的新闻报道，避免散布虚假信息，确保用户得到可靠的信息来源。坚持对内容进行严格审核，拒绝传播涉及歧视、暴力、低级趣味等有害信息。参与社会公益活动，与社会各界合作，共同推动积极向上的价值观传播。

第二章　短视频的传播特点与模式

在短视频的传播特点与模式中，短视频的传播渠道是基础，短视频的社交化传播与用户互动是过程，精准传播与个性化推荐是结果。

第一节　短视频的传播渠道

短视频的传播渠道多种多样，随着移动互联网的快速发展，这些平台逐渐成为内容创作者和用户分享、创造、获取信息的主要场所。国内主要的短视频传播渠道与平台比较多，但主要还是以抖音、快手等为主。

一、抖音

抖音是由中国科技公司字节跳动于 2016 年推出的一款短视频社交应用，拥有不同发展阶段。

①字节跳动的初创阶段（2012 年）。字节跳动是由张一鸣于

2012 年创立的，最初专注于推出新闻聚合应用"今日头条"。今日头条通过算法推荐用户个性化的新闻内容，取得了巨大成功。

②抖音正式推出阶段（2016 年）。字节跳动于 2016 年正式推出抖音。抖音以 15 秒到 3 分钟的短视频为主，为用户提供了一个创作、分享和发现内容的平台。

③快速增长和用户吸引力提升阶段（2017—2018 年）。抖音在中国市场迅速获得用户并在短时间内成为一款备受欢迎的社交应用。其独特的内容形式和强大的推荐算法使得用户能够轻松找到符合个人兴趣的视频。广告商和品牌也开始看到抖音成为一个有效的宣传和推广平台的潜力。

④国际扩张推出 TikTok 阶段（2017 年）。见到抖音在国内取得成功后，字节跳动决定将其推向国际市场。为了适应国际用户的口味和文化，字节跳动推出了抖音的国际版本，命名为 TikTok。随后 TikTok 在全球范围内崛起，特别是在印度、美国和欧洲等地，成为一款全球性的社交媒体应用。

⑤全球影响力和创新力提升阶段（2019 年至今）。抖音/TikTok 成为全球最受欢迎的短视频应用之一，影响力持续提升。用户通过抖音/TikTok 分享创意内容、参与挑战并成为社交媒体上的明星。平台不断创新，引入新的特效、滤镜和功能，吸引了更多用户和创作者。

⑥面临挑战与监管压力阶段（2020 年至今）。抖音/TikTok 在一些国家面临了监管和政治压力，包括数据隐私和内容审查等问题。这导致了一些国家对该应用实施禁令或限制。

抖音/TikTok 的产生背后有字节跳动在新闻聚合领域的成功经验，以及对短视频领域的准确洞察。通过不断创新、吸引用户和适应国际市场，抖音/TikTok 已经成为全球范围内最受欢迎的社交媒体之一。

抖音，作为一款由字节跳动推出的短视频社交平台，适应了不同地区用户的文化、法规和使用习惯，实现了全球范围内的广泛普及。它对全球不同地区的适应性主要体现在，首先，抖音和 TikTok 在内容呈现上存在一定的差异。TikTok 更注重跨文化的内容，致力于满足全球用户的多样化需求，内容涉及不同语言、风格和文化元素，吸引了来自世界各地的用户。相较之下，抖音更加关注符合中国国内文化背景的内容，更容易引起国内用户的共鸣。这种内容差异使得抖音能够在不同地区建立更加紧密的用户群体。其次，法规和审查制度的不同也影响了 TikTok 和抖音的运营。在中国，抖音必须遵守中国政府的互联网法律法规和审查制度，对于一些政治敏感或不符合价值观的内容有一定的审查和限制。而由于涉及不同国家的法规，TikTok 会根据当地的法律规定进行相应的调整，以确保平台在各国的合规运营。这种灵活性有助于 TikTok 在全球范围内避免产生不必要的法律问题。此外，国际版和国内版的用户界面和功能设计也存在一些差异。针对不同地区用户的使用习惯和喜好，TikTok 进行了一些本土化的调整。例如，在国际版中，可能会增加与当地流行文化相关的特色功能，以提升用户体验。而国内版则更注重满足中国用户的需求，包括更贴近国内社交风格的功能和设计。最后，广告和商业合作也因地区而异。TikTok 和抖音的广告合作通常会根据当地市场需求和商业环境进行定制。这种个性化的广告策略有助于吸引更多的广告主和商业合作伙伴，推动抖音在全球范围内实现商业化运营。

抖音的成功之处在于其巧妙地分为国际版和国内版，灵活适应了不同地区用户的需求和背景。这种区分使得抖音在全球范围内都拥有庞大的用户基础，是其在国际社交媒体舞台上拥有独特地位的重要因素。

抖音独特的 15 秒到 3 分钟的短视频格式为用户提供了一个快速创作和分享内容的平台，内容涵盖了各种主题，从才艺展示到生活趣事，形成了一个多样化的创作生态。

平台的成功一部分要归功于其强大的算法推荐机制。抖音通过深度学习和用户行为分析，能够精准地推送个性化内容给不同用户群体。这种个性化的推荐使得用户更容易发现各类喜欢的内容，同时也为创作者提供了更多的曝光机会。用户无须长时间搜索，就能够在短时间内发现感兴趣的视频，从而提高了平台的用户黏性。

抖音在推动内容创作方面也取得了显著的成就。其独特的创作方式和用户友好的界面吸引了大量的创作者，包括专业和业余的。由于平台开放、包容的氛围，创作者可以在这里表达自己的创意，建立自己的粉丝群体。这种互动性和社交性使得抖音成为创作者们展示自己才华和与粉丝互动的理想平台。

在推动社交互动方面，抖音也表现出色。用户可以通过点赞、评论和分享等方式与创作者互动，形成了一个活跃的社交网络。这种直观的互动方式增加了用户与创作者之间的黏性，同时也推动了平台上内容的传播。

二、快手

快手是一家中国短视频平台，其产生的背景和历史可以追溯到以下几个关键阶段。

①公司成立与初期发展阶段（2011—2014 年）。快手的前身是

"GIF 快手"，创始人是宿华。该平台最初专注于 GIF 图的分享，用户可以通过手机拍摄、上传和分享自己制作的 GIF 图。随着移动互联网的兴起，GIF 快手逐渐演变为一个更加综合的社交平台。

②品牌升级与短视频崛起阶段（2014—2016 年）。在 2014 年，GIF 快手进行了品牌升级并正式更名为"快手"。快手开始着眼于短视频领域，推出了更多与用户生活相关的功能，例如记录生活片段的短视频。

③用户基础迅速扩大阶段（2016 年）。快手在短时间内迅速积累了大量用户，尤其在中国二三线城市和农村地区取得了巨大成功。这一成功部分归功于平台对用户的深刻理解以及更加接地气、贴近生活的内容。快手在内容上突出展现用户真实生活，与传统娱乐产业有所不同，吸引了更广泛的用户群体。

③国际拓展与上市阶段（2017 年至今）。快手逐渐开始拓展国际市场，尤其在一些东南亚和南美洲的国家取得了一定的用户基础。2021 年初，快手在香港交易所上市，成为一家公开交易的公司。这标志着快手在商业化和国际化方面取得了重要进展。

④多元化内容和创作者生态阶段（2018 年至今）。快手致力于打造多元化的内容生态，覆盖了各种主题，包括搞笑、美食、游戏、生活记录等。这有助于吸引不同兴趣和需求的用户。快手也积极支持创作者，通过激励机制、打赏和广告分成等方式鼓励用户参与内容创作。

快手在短视频领域的崛起反映了其深刻理解用户需求、关注真实生活的内容表达方式以及对多元化创作者生态的支持。在其历史发展过程中，快手通过不断创新和拓展市场，在中国乃至全球范围内建立起了庞大的用户基础。

快手是一款与抖音类似的以短视频为主的社交应用，由北京快手科技有限公司推出。这一平台与抖音有一些相似之处，但也有其独特之处。

快手注重用户之间的真实互动，提供了更多丰富的社交功能。用户可以通过直播、评论、点赞等多种方式积极参与互动，用户之间的联系得到加强。这种强调真实互动的特点使得快手成为一个更具社交性和参与感的平台，用户更容易建立紧密的社交关系。

与此同时，快手强调地域特色的内容。平台允许用户通过展示本地文化、方言、特色风景等内容，突出地域差异，为用户提供更贴近生活、具有地方特色的视频内容。这种特色使得快手能够满足不同地区用户的兴趣需求，吸引了更广泛的用户群体。

快手的成功也在于其对创作者的支持。平台提供了多种创作工具和资源，鼓励用户创作高质量、有创意的短视频。这为创作者提供了更多展示才华的机会并激励了更多人积极参与创作。

三、微信小程序

随着智能手机的普及和移动互联网的迅猛发展，用户对于移动应用的需求不断增加，传统的 App 下载和安装流程烦琐，用户体验不佳。人们期望一种更轻便、更直接的方式获取和使用应用。微信是中国最大的社交平台之一，拥有庞大的用户基础。通过在微信平台上推出小程序，可以更好地整合社交和应用使用。

2016 年 微信小程序的雏形开始酝酿。腾讯在 2016 年的微信公开课上首次提出"应用号"概念，预示着微信小程序的雏形即将推出。2017 年 1 月微信小程序正式上线。小程序推出后，以其不需要下载、即点即用的特性受到用户和开发者的欢迎。2017 年底，微信小程序生态逐渐丰富，涉及各个领域，包括电商、社交、教育、医疗等，用户量不断增加。2018 年腾讯加强对小程序的支持，推出更多的开发工具和功能，助力开发者更容易创建和维护小程序。2019 年微信小程序用户数超过 1 亿，小程序生态进一步壮大。腾讯在技术和运营层面不断优化，推动小程序的发展。2020 年至今，微信小程序已成为中国移动互联网领域的重要一环，各行各业的企业纷纷推出自己的小程序，形成了一个庞大而活跃的小程序生态系统。

微信小程序在推动移动应用开发和使用方式变革方面取得了显著的成就，为用户提供了更便捷、高效的应用体验，也为开发者提供了更灵活、低成本的应用开发和推广方式。微信小程序已成为短视频传播的重要平台之一。通过小程序，用户得以方便地分享和观看短视频，借助微信庞大的社交关系网络进行内容传播。

微信小程序的短视频功能集成于微信生态系统中，使得用户能够在不离开微信的情况下轻松浏览、分享短视频。这种无缝的用户体验促进了更多人参与短视频内容的创作和消费。

微信社交关系网络为短视频传播提供了有力的支持。用户可以通过微信朋友圈、群聊等功能分享感兴趣的短视频，引起朋友的关注和互动。这种口碑传播方式在微信这个社交平台上尤为强大，使得优质的短视频内容能够快速传播并积累更多用户。另外，微信小程序也为创作者提供了更灵活的创作方式和更广泛的受众。创作者可以通过小程序开发自己的短视频内容，通过微信的社交渠道推广，建立自己的粉丝群体。

微信小程序作为一个方便、集成度高的平台，通过微信社交关系网络，为短视频的传播提供了便捷的途径，使得用户能够更加轻松地分享、观看，并且促进了内容的传播和创作者的互动。

四、微博

微博短视频的发展历程可以追溯到微博平台对于用户多样化内容需求的适应和对短视频潜力的认识。

2016 年微博推出了短视频功能，为用户提供了在微博平台上上传和分享短视频的可能。2017 年微博加大对短视频领域的投入，更新迭代了短视频的推荐算法，增强了用户在微博上浏览、上传和互动短视频的体验。2018 年微博短视频逐渐崭露头角，成为用户关注和创作的热点。平台加强与内容创作者、机构的合作，推动更多优质内容的形成。2019 年微博加大对于短视频创作者的扶持，推动用户创作和分享更多生活化、创意性的短视频内容，短视频成为微博上热门的内容形式之一。2020 年微博短视频迎来爆发式增长，平台不断优化短视频创作者的推广机制，提高了用户和内容创作者的黏性。2021 年至今微博继续加大对短视频领域的投资，不断推陈出新，引入更多创新功能和工具，丰富短视频创作的可能性。

微博短视频逐渐形成了一个庞大的社交媒体生态系统，涵盖了各类内容，包括娱乐、教育、生活分享等，吸引了更多的用户和创作者。微博短视频在发展历程中经历了技术优化、内容创作者培养和平台生态建设等多个阶段，逐渐成为微博平台上不可或缺的内容形式之一，推动了微博的社交媒体内容多元化。推出的短视频功能为用户提供了一种轻松、直观的内容分享方式。用户可以通过微博平台快速创作并分享短视频，这使得微博成为一个更富有趣味性和多样性的社交媒体平台。

微博拥有庞大的用户基础，用户涵盖了各个年龄段和兴趣领域，这为短视频的传播提供了广泛的受众。短视频内容可以通过微博的关注、转发、评论等社交功能迅速在用户网络中传播，形成热门话题，吸引更多用户关注。

微博的强大社交网络也为短视频创作者提供了更广泛的展示平台。创作者可以通过短视频表达个性、分享创意，吸引更多粉丝，提升自己的社交影响力。微博的明星、名人也通过短视频与粉丝互动，增强了用户对平台的关注度。

微博的短视频功能在信息传递上起到了快速而直观的作用。用户可以通过短视频更迅速地了解新闻、娱乐等各种内容，而这种传播方式更符合现代用户追求快速获取信息的需求。

五、火山小视频

火山小视频是由字节跳动旗下的抖音公司推出的短视频平台，其发展历程可以追溯到抖音在中国短视频领域的成功。以下是火山小视频的主要发展阶段：2017年抖音国际版TikTok正式上线，迅速在海外市场取得成功，成为全球范围内的热门应用。字节跳动在中国推出"火山小视频"品牌，旨在扩展短视频生态，满足不同用户群体的需求。2019年火山小视频逐渐崭露头角，与抖音形成联动，共享内容创作者和用户资源。字节跳动不断完善抖音和火山小视频的生态系统，提升平台的社交和推广功能。2020年抖音和火山小视频合并，形成"抖音火山版"，进一步整合资源，优化用户体验。2021年至今抖音火山版继续保持在短视频领域的领先地位，不断推出新功能，吸引更多内容创作者和用户。字节跳动在全球范围内不断推广抖音和火山小视频，进一步巩固其在短视频市场的地位。

火山小视频的发展历程与抖音紧密相连，共同构建了字节跳动在短视频领域的强大生态系统。通过不断创新、整合资源和优化用户体验，火山小视频在短视频市场上取得了显著的成功。火山小视频作为字节跳动旗下的短视频平台，与抖音相似，为用户提供了一个丰富多彩的内容分享平台。用户可以通过火山小视频分享创意、生活点滴等各种内容，打造个性化的短视频，实现广泛的社交互动。与抖音类似，火山小视频也采用了短时视频的形式，允许用户创作 15 秒到 60 秒的视频内容。这种短时视频的形式使得创作者可以迅速表达自己的创意，同时吸引用户在短时间内进行观看，提高了平台的活跃度。火山小视频通过巧妙的推荐算法，使得用户能够更容易发现符合自己兴趣的内容。这一推荐机制使优质内容更容易获得曝光，吸引了大量用户和创作者，形成了一个充满创意和活力的社区。平台也注重用户之间的互动。用户可以通过点赞、评论、分享等方式与创作者互动，形成良好的社交氛围。此外，火山小视频还支持用户之间的合作创作，促进了更多的创意产生。

火山小视频作为字节跳动在短视频领域的重要产品之一，通过与抖音相似的短视频形式、强大的推荐机制和社交功能，成功吸引了用户和创作者，打造了一个丰富多元的内容分享平台。

六、哔哩哔哩网站（Bilibili）

Bilibili 是一家中国的二次元文化社区和在线视频平台，成立于 2009 年，其发展历程可以概括为以下几个阶段。

2009 年，Bilibili 成立，最初是一个以 ACG（动画、漫画、游戏）文化为主题的二次元弹幕视频分享社区。用户可以在观看视频时添加实时评论，形成特有的弹幕文化。

2010—2015 年，Bilibili 逐渐发展为一个独特的二次元文化社区，用户基数不断增加。平台提供用户上传、分享自己的二次元创作的空间，吸引了大量 ACG 领域的内容创作者。在这一时期，Bilibili推出了 B 站会员和"硬币"系统，通过会员制度和奖励机制的引入，加强了用户对平台的黏性。

2018 年，Bilibili 在美国纳斯达克交易所上市，成为一家上市公司，标志着其商业模式和影响力正式被资本认可。

2019 年，Bilibili 进一步拓展内容领域，推出更多的原创动画、综艺节目和游戏等相关内容。平台开始吸引更广泛的用户群体，不仅限于二次元文化爱好者。

2020 年，Bilibili 推出了"VUP"（虚拟主播）计划，积极涉足虚拟主播领域，与虚拟主播合作，推动了虚拟主播文化的发展。平台继续拓展海外市场，通过引进和制作更多多元化的内容，吸引国际用户。

2021 年至今，Bilibili 持续加强对二次元文化的深耕，拓展内容版权合作，推动自有 IP 的开发和推广。平台在游戏、二次元文化、虚拟生态等多个领域进行布局，努力提高用户黏性。

Bilibili 从一个二次元弹幕视频社区逐渐发展成为一个综合性的在线视频平台，涵盖了多种内容形式，包括动画、游戏、综艺等。其不断地创新和深耕二次元文化使其在中国在线视频行业中占据着独特的地位。

Bilibili 是一家以动漫、游戏、文化为主题的综合性弹幕视频网站，以其独特的二次元文化氛围而著称。在这一大背景下，Bilibili 也包括了短视频内容，成为一个特色鲜明的短视频传播平台。Bilibili 的用户主要是追求二次元文化的群体，他们对动漫、游戏、文化等领域有着浓厚的兴趣。因此，Bilibili 的短视频内容往往围绕

这些主题展开，包括二次元相关的创作、评论、解说等。这使得
Bilibili成为一个汇聚了大量二次元内容的短视频平台，吸引了特定
兴趣爱好者的关注。弹幕是 Bilibili 的一大特色，用户可以在视频上
实时发表评论，形成一个即时互动的社区氛围。这种互动方式增强
了用户之间的参与感，使得观看短视频不再是孤立的体验，而是一
个社群共享的过程。Bilibili 还鼓励用户创作优质内容，通过投稿实
现自己的创意分享。平台的激励机制，如硬币打赏、会员制度等，
为创作者提供了一定的经济回报，进一步激发了作者的创作热情。

　　Bilibili 以其特色的二次元文化、弹幕互动等特点，成功地塑造
了一个独具特色的短视频传播平台，满足了追求二次元内容的用户
需求，形成了一个充满活力的社区。

　　短视频的传播渠道与平台种类繁多，创作者可以根据目标受
众、内容特点选择适合的平台，通过创作精彩的短视频实现更广泛
的传播。这种多样性为创作者提供了更丰富的选择空间，创作者可
以根据不同平台的特点和用户基础，有针对性地创作内容，提高曝
光率。无论是以抖音、快手等为代表的短视频社交平台，还是以
Bilibili 等为代表的特色化平台，都为创作者提供了独特的传播机
会。这也反映了移动互联网时代用户多元化的需求，通过不同平台
的传播，创作者能够更好地满足不同用户群体的喜好和关注点，实
现更广泛的社交互动，提升自身影响力。因此，短视频创作者在选
择传播渠道时应充分了解各平台的特色，以更好地匹配目标受众，
提高内容的传播效果。

第二节　社交化传播与用户互动

社交化传播和用户互动在当今数字时代的信息传播中扮演着至关重要的角色。随着社交媒体的迅猛发展，人们不再是被动接受信息的观众，而是成为内容的创造者和传播者。这一变革带来了社交化传播的概念，同时强调了用户之间的积极互动。

一、社交化传播

社交化传播是一种基于社交媒体平台的信息传递方式，强调用户之间的相互连接、参与和共享。社交媒体平台如抖音、微信、快手等已经成为信息传播和分享的主要渠道。在这些平台上，用户可以创作、分享、评论并与其他用户建立社交关系。社交化传播主要从用户生成内容、信息传播的网络效应、品牌与用户互动来研究。

1. 用户生成内容

社交化传播的核心是用户生成的内容。用户通过上传照片、视频、文字等形式的内容，分享自己的生活、见解和创意。这不仅使得传播更加多样化，也使用户成为信息的创作者和传播的共同参与者。

社交化传播强调了用户在信息传递中的主动角色。传统媒体模式中，信息主要由专业编辑和制作团队产生，而社交媒体打破了这一格局，使得每个用户都有机会成为内容的创作者。通过上传个人照片、分享旅行见闻、发表观点或创作短视频，用户能够表达自己的独特视角，为社交媒体平台注入丰富多样的内容。

这种用户生成的内容形成了社交媒体上独特而丰富的社区生态。用户通过分享生活点滴、表达观点，相互之间形成连接，形成一个庞大而充满活力的网络社群。这个社区不仅是信息传递的场所，更是用户之间互动、交流、分享的平台。

用户生成的内容不仅仅是照片和文字，视频内容也占据了越来越重要的位置。用户可以通过上传自己制作的短视频，展示才艺、分享经验，或者创作有趣的原创内容。这种形式的内容不仅更生动、更直观，也更容易引起其他用户的共鸣，推动信息在社交媒体上的传播。

社交化传播的另一个特点是内容的实时性。用户可以即时分享身边发生的事情、最新的见解，通过实时性的传播使信息更具新鲜感。这种实时性的特点进一步增强了用户对社交媒体的参与感，形成了一个动态更新的信息流。

社交化传播通过用户生成的多样化内容，使得信息传递更加生动、个性化。用户不再仅仅是信息的接收者，而是共同参与到信息的创作和传播中。这一变革不仅促进了信息的多元流动，也构建了一个开放、互动的数字社交环境。

2. 信息传播的网络效应

社交媒体平台通过强大的算法推荐机制，将用户可能感兴趣的内容呈现在他们的主页上。这种网络效应使得优质的内容更容易传播，形成病毒式传播，让信息在社交网络中快速扩散。推荐算法的作用在于根据用户的行为、兴趣和互动历史，精准地为用户定制个性化的内容。当用户在主页上看到感兴趣的内容时，他们更有可能进行互动,如点赞、评论、分享,从而触发更多用户的关注,形成病毒式传播。这种病毒式传播现象是社交媒体平台上信息快速传播的一种典型表现。一条优质的内容在得到少数用户的互动后,通过推荐算法的作用,很快传播到更广泛的用户群体中。这种效应让信息能够在社交网络中快速传播,形成热门话题进而被广泛关注。这一过程进一步强化了网络效应,因为用户之间的连接和互动推动了信息的广泛传播。优质内容在社交媒体上获得更多的曝光,吸引更多的用户参与,形成了一个良性循环,加速了社交媒体上内容的传播速度。

社交媒体通过强大的算法推荐机制,将用户感兴趣的内容传播到更广泛的用户中,形成病毒式传播现象。这一现象不仅促进了优质内容的传播,也加强了用户之间的互动和联结,构建了一个充满活力的数字社交生态系统。

3. 品牌与用户互动

企业和品牌通过社交媒体与用户建立互动,不仅可以直接传递品牌信息,还可以倾听用户的反馈和需求。这种互动有助于建立品牌忠诚度,形成良好的品牌形象。通过社交媒体平台,企业能够与用户直接互动,分享品牌故事、产品信息,甚至通过直播等形式进行实时沟通。这种互动不仅能够传递品牌理念和价值观,还为用户提供了更直观、丰富的品牌体验。更重要的是,社交媒体互动让企业能够倾听用户的声音。用户在评论、留言中提出的反馈、建议和需求成为宝贵的信息资源。企业通过细致入微地回应用户,解决问题,甚至根据用户的建议进行产品改进,品牌与用户之间建立了更加紧密的联系。这种双向互动有助于建立用户对品牌的忠诚度。当用户感受到企业真诚关注、积极回应，他们更有可能形成对品牌的信任和忠诚。品牌忠诚度的建立不仅带来了持续的用户支持，还有助于形成口碑传播，让更多用户认可和选择该品牌。同时，通过社交媒体的互动，品牌能够更加灵活地进行品牌管理。对于负面评价和舆情，及时、积极地回应能够降低负面影响，甚至在逆境中反转形势。这种积极的品牌管理有助于维护和提升品牌形象。

总的来说，社交媒体为企业和品牌提供了一个直接与用户互动的平台，通过这种互动，不仅能够传递品牌信息，更能够深化用户与品牌之间的关系，建立用户对品牌的忠诚度，打造积极的品牌形象。

二、用户互动

用户互动是社交媒体中的重要组成部分，体现了用户与内容之间的双向沟通。这种互动形式多种多样，包括点赞、评论、分享等，用户通过这些行为表达对内容的态度和看法。

在社交媒体平台上，用户不仅仅是内容的消费者，更能够积极地与内容进行互动。点赞是一种简单而直接的表达方式，用户通过点赞表示对内容的认可和支持。评论则提供了更深入的交流空间，用户可以分享自己的观点、提出问题，形成有意义的讨论。分享是另一种重要的互动形式，通过分享，用户将感兴趣的内容传播给自己的社交圈，进而扩大内容的影响范围。这种传播机制能促使内容被更多人发现，为形成病毒传播提供可能。

这些互动形式反映了用户对内容的积极参与和个性化体验的需求。通过互动，用户不再是被动接收信息，而是积极参与到内容创造、传播和共享的过程中。这种用户互动不仅增强了用户与平台、品牌、创作者之间的联系，也让社交媒体成为一个更加活跃和有趣的数字社交空间。

用户互动是社交媒体生态中的关键元素，通过点赞、评论、分享等多样化的形式，用户能够更全面地参与到内容的创造和传播中，从而共同构建一个丰富、多元的数字社交环境。用户互动的方式是多种多样的，如点赞和分享。

1. 点赞和分享

点赞是用户对内容的肯定和支持，分享则是用户将内容传递给自己的社交圈的方式。这些行为不仅促进了内容的传播，也是用户与内容之间的积极互动。点赞是一种简单而直接的表达方式，用户通过点击点赞按钮表示对内容的认可和支持。这种肯定性的互动不仅让创作者感到被听到和被理解，也为优质内容提供了曝光机会。点赞的累积有助于内容在社交媒体上形成热门话题，进而引起更多用户的关注。

分享是用户将内容传递给自己的社交圈的方式，是一种推荐和传播行为。通过分享，用户将自己认为有趣、有价值的内容分享给朋友、关注者，扩大了内容的影响范围。这种传播机制不仅让内容更广泛地被发现，也构建了一个用户之间互相推荐的社交网络。

点赞和分享是内容传播的两个关键环节。当用户点赞后，算法推荐系统可能会将该内容推荐给更多用户，形成病毒传播现象。而通过分享，内容能够快速传播到更广泛的社交圈，引发更多用户的参与和互动，加快内容的传播速度。点赞和分享是用户参与社交媒体平台互动的主要方式之一，通过这些行为，用户不仅仅是观众，更是内容的参与者。这种积极的参与感提升了用户在社交媒体上的活跃度，使其更愿意与平台互动。用户通过点赞和分享展示了对特定内容或观点的支持并通过这些行为在社交媒体上构建了自己的社交影响力。用户的点赞和分享行为影响着他们的社交圈，形成了一种社交传播效应，使得个体在社交网络中具有更多的影响力。

点赞和分享不仅是用户对内容的积极反馈，也是社交媒体平台上用户与内容之间互动的重要体现。这些行为促进了内容的传播，加强了用户与内容、用户与用户之间的联系，构建了一个活跃、互动的数字社交生态系统。

2. 评论和反馈

用户通过评论表达对内容的看法、提出问题或分享自己的经验。这种直接的沟通方式使得创作者能够更好地理解观众需求，同时增强了用户对内容的参与感。评论是用户表达对内容的观点和看法的主要途径之一。用户可以针对内容中的某个方面提出自己的意见，分享自己的看法。这为创作者提供了宝贵的反馈，帮助他们了解观众对内容的反应，促使内容创作更贴近受众兴趣。用户通过评论还能够提出问题，寻求创作者或其他用户的回答。这种形式的互动不仅促进了用户与创作者之间的直接联系，也在社交媒体上形成了一个互助互动的社区氛围。创作者通过回答问题，进一步拉近了与观众的距离。一些用户会利用评论区分享自己的经验、故事或相关内容。这种分享不仅能够丰富评论区的内容，也为其他用户提供了更多的信息和视角。这种社区共享的形式有助于构建一个更加丰富多元的社交媒体生态。评论是用户参与社交媒体平台的积极方式之一。通过评论用户不仅在一定程度上参与了内容的创作，同时也在社交媒体平台上建立了个人影响力。这种参与感有助于增强用户对平台的黏性，使其更频繁地访问和互动。

通过评论，用户之间形成了直接的社交互动。这种社交互动不仅发生在用户与创作者之间，还在用户之间相互评论、互动。这种社交互动形成了一个共同探讨、交流的社区氛围。

评论是社交媒体平台上用户与内容创作者之间直接沟通的重要方式。通过评论，用户能够更主动地参与到内容的创作和讨论中，同时也为创作者提供了宝贵的反馈，促进了社交媒体平台上用户与内容之间更深层次的互动。

3. 互动活动和挑战

很多社交媒体平台上出现了各种互动活动和挑战，例如抖音的挑战赛的话题标签。这些活动激发了用户的创作热情，增强了用户之间的互动性。

抖音等平台经常推出各种创意挑战赛，鼓励用户通过制作独特、有趣的短视频参与其中。这种形式的活动激发了用户的创作热情，让用户更积极地参与内容创作，展示自己的才艺或创意。用户可以使用特定的标签参与到某个话题的讨论或分享中，这种形式聚焦了用户的关注点，增加了内容的相关性和一致性。挑战赛和互动活动通常涉及用户之间的竞技性互动。用户可以相互挑战、比拼，形成一种友好的竞赛氛围。这种竞技性的互动不仅增加了用户间的紧密联系，也提高了参与者的积极性。

参与互动活动和挑战有助于用户在社交媒体上建立自己的社交影响力。通过展示创意、获得点赞和评论，用户能够在平台上积累更多的关注和支持，成为社交网络中的活跃者。互动活动和挑战通常能够提升整个社交媒体平台的活跃度。更多的用户参与到这些活动中，产生了更多的内容和互动，使平台变得更加丰富、有趣，进而吸引更多用户加入。这些互动活动和挑战不仅为用户提供了展示自己的平台，还丰富了社交媒体平台上的内容，加强了用户之间的互动性。这种形式的互动促进了用户更积极地参与社交媒体内容建设，使平台成为一个更加生动、活跃的数字社交空间。

社交化传播和用户互动使得内容更加个性化，因为平台是通过用户的行为和兴趣推荐更符合用户口味的内容。这提高了用户与推送信息的匹配度。社交媒体平台通过分析用户的行为、互动和兴趣，实施个性化推荐。这意味着用户看到的内容更有可能符合他们的兴趣和偏好。这种个性化的推荐使用户更容易发现与其关注领域相关的内容，提高了信息的吸引力。平台通过收集用户的点赞、评论、分享等行为数据，了解用户的兴趣和喜好。这样的数据分析有助于平台更准确地理解用户的需求，从而为用户推荐更加符合他们口味的内容。个性化推荐机制实际上为用户构建了一个个性化的信息过滤器，使用户在海量的信息中更容易找到感兴趣的内容。这种过滤器的存在提高了用户与推送信息的匹配度，使推送信息更容易引起用户关注，让用户更愿意在平台上进行互动。当用户看到更符合自己兴趣的内容时，他们更有可能参与到点赞、评论、分享等互动中。这种参与感的提升进一步加强了用户与平台之间的互动，形成了一个良性的反馈循环。

社交媒体平台通过个性化推荐和用户互动，使得内容更加符合用户口味，提高了用户对信息的关注度。这种个性化的互动体验不仅丰富了用户在平台上的内容消费，也促进了平台的活跃度和用户忠诚度的提升。其主要表现有：通过社交媒体，品牌可以与用户直接互动，了解用户需求，回应用户关切。这种深度联结有助于建立品牌与用户之间的紧密关系。第一，社交媒体为品牌提供了实时反馈的机会。用户可以通过评论、留言等方式直接表达对品牌产品或服务的看法，提出问题或分享使用经验，而品牌也能够及时回应，建立起一种实时的沟通机制。通过观察用户在社交媒体上的行为和反馈，品牌能够更深入地了解用户的需求和期望。这种了解有助于品牌调整产品策略、改进服务，使其更符合用户的期待，提高用户满意度。第二，通过积极参与社交媒体互动，品牌可以传递更真实、人性化的形象。品牌回应用户的问题、关切，分享与用户互动的瞬间，有助于塑造积极的品牌形象，增加用户对品牌的信任感。第三，品牌可以通过社交媒体平台建立自己的用户社群。在社交媒体上开展专属的话题讨论、线上活动，促使用户之间建立联系，形成一个关注品牌的社交网络。这种社群感有助于用户间的互动和信息共享。第四，用户在社交媒体上的互动不仅是对品牌的关注，更是一种参与感。品牌通过回应用户、分享用户生成的内容，使用户感到自己是品牌故事的一部分，提升了用户在品牌活动中的参与感。第五，社交媒体也为品牌提供了处理危机公关的平台。在面对负面评论或舆情时，品牌可以通过社交媒体上的直接回应来及时解决问题，展示品牌的危机应对能力。通过这种深度联结，品牌不再是冰冷的实体，而是能够与用户建立更亲密关系的存在。这种紧密的品牌与用户联结有助于提高用户忠诚度，形成品牌与用户之间更为稳固的关系。社交化传播的快速传播机制使得信息可以在短时间内传播到大量用户中。用户的互动和分享加速了内容的传播速度，提高了信息的影响力。社交媒体平台通过强大的推荐算法和用户互动，形成了一种病毒传播的机制。当一条内容受到少数用户的积极互动，平台往往会将其推荐给更广泛的用户群体，从而使得信息在社交网络中快速传播。用户的互动行为，如点赞、评论、分享，不仅让内容更容易被推荐给其他用户，也直接推动了内容的传播。当用户在社交媒体上互动并表达对某一内容的喜好，其社交圈内的其他用户更有可能被激发兴趣，进而参与互动和分享。通过社交媒体传播的信息，特别是涉及热门话题的内容，往往能够在短时间内迅速传播。用户的互动和分享形成了一种快速形成热门话题的机制，使得一些内容在社交网络中广泛传播，提高了信息的曝光度和影响力。

社交媒体的网络效应加速了信息的传播。用户之间的连接和关系网络使得信息能够通过社交圈快速扩散。当一条信息得到一部分用户的关注和互动后，通过社交网络的网络效应，信息将迅速传播到更广泛的用户中。

用户的互动和分享行为提高了信息的可见性。平台通过将用户感兴趣的内容呈现在其主页上，让信息更容易被用户发现，从而加快了信息在社交网络中的传播速度。

4. 用户参与感的提升

用户通过互动成为内容的一部分，他们的评论、点赞和分享构成了社交媒体上丰富的社交生态，提升了用户对平台和内容创作及传播的参与感。

用户的评论不仅是对内容的反馈，也是社交媒体平台上建设性互动的体现。评论可以是对内容的赞美、分享个人经验等，通过丰富多样的交流，使社交媒体成为一个充满互动性和讨论性的平台。点赞是用户对内容积极认可和支持的表达方式。当用户通过点赞表示对某一内容感兴趣或赞同时，这种积极的互动不仅给创作者带来鼓励，也让用户感到参与到了内容的创作过程中。用户通过分享将自己喜欢的内容传播给更广泛的社交圈。分享不仅是一种社交行为，也是内容传播的重要手段。用户的分享行为使得内容能够快速扩散，形成更大范围的影响。通过评论、点赞和分享，用户不再仅仅是社交媒体的观众，更是内容的共同创作者。用户生成的内容，如评论中的讨论、点赞的数量、分享的频率，共同构成了社交媒体上丰富的用户生成内容。当用户感受到他们的行为影响到了内容的传播和社交网络的形成时，他们更愿意积极参与其中，形成一个积极向上的社交生态。通过用户的互动，社交媒体平台形成了一个多样化的社交生态。不同用户通过不同形式的互动，为平台带来了各种各样的内容，使得平台上的信息更加丰富和多元。

用户的互动行为使得社交媒体成为一个充满活力和多元化的社交生态。评论、点赞和分享等互动形式不仅提升了用户的参与感，也构建了一个用户与内容、用户与用户之间互动的数字社交空间。

社交化传播与用户互动在数字时代塑造了一种开放、多元、参与的传播模式。用户不再是被动的信息接收者，而是社交媒体生态系统中不可或缺的创作者和参与者，共同构建着一个充满活力的数字社会。这种双向互动模式不仅促进了信息的快速传播，也为品牌、创作者和用户之间建立了更紧密的联系，推动了社交媒体的发展和演变。

第三节　精准传播与个性化推荐

短视频的精准传播与个性化推荐是通过智能算法和大数据分析，根据用户的兴趣、喜好和行为习惯，为用户量身定制的内容推送系统。这种机制有助于提高用户体验，增加平台黏性并推动创作者创作更受欢迎的内容。

精准传播与个性化推荐的机制不仅仅是为了提高用户体验和平台黏性，更重要的是它对于视频平台生态的健康发展和创作者的激励具有深远的影响。通过智能算法和大数据分析，平台能够更好地理解用户的需求和偏好，从而为他们提供更有吸引力的内容。这不仅增加了用户的满意度，还促进了用户的持续使用，为平台带来了更广泛的流量和更高的活跃度。同时，对于创作者来说，他们的作品能够更精准地被目标受众发现，从而提升了作品的曝光度和影响力，进而激发了创作者创作更优质内容的积极性。因此，精准传播与个性化推荐不仅是一种技术手段，更是促进平台可持续发展和内容创作生态繁荣的重要策略。精准传播与个性化推荐主要包含以下内容。

一、智能算法优化用户体验

短视频平台的智能算法是一种先进的技术手段，通过分析用户的历史浏览记录、点赞、评论等多方面数据，实现对用户兴趣和喜好的深入了解，为用户提供更符合个性化需求的短视频内容。这一过程不仅优化了用户体验，提高了用户满意度，同时也推动了平台的发展和创作者的创作动力。智能算法优化体现在智能算法的核心机制、个性化推荐的优势等方面。

1. 智能算法的核心机制

智能算法在短视频平台中的作用不可小觑，其核心机制是机器学习和数据挖掘技术。通过这些技术，平台构建了复杂的用户兴趣模型，从而实现了对用户行为的深入理解。这些模型不仅仅是简单地收集和记录用户在平台上的各种行为，更是通过分析用户观看视频的时长、频率以及点赞和评论的内容等信息，来准确地捕捉用户的兴趣和喜好。例如，当用户频繁观看某一类别的视频、点赞或评论特定类型的内容时，智能算法会根据这些行为数据推断用户的偏好，进而为其量身定制推荐内容，从而提升用户体验和平台对其的吸引力。

2. 个性化推荐的优势

基于智能算法的个性化推荐系统具有明显的优势。它能够根据用户的兴趣和行为，向其推荐更符合口味和兴趣的短视频内容。这种精准的匹配不仅提高了用户对推荐内容的满意度，也增加了用户在平台上的停留时间和互动频率。通过向用户展示他们感兴趣的内容，个性化推荐系统有效地提高了用户的黏性，使他们更倾向于长时间留在平台上，进而提升了平台的活跃度和用户参与度。

3. 利用历史数据优化推荐

个性化推荐系统通过分析用户的历史数据，可以更好地理解用户的观看行为和偏好。通过了解用户过去的观看记录和喜好，平台能够更准确地预测用户未来的兴趣，进而优化推荐系统的性能。这种利用历史数据优化推荐的方法使得推荐系统能够不断学习和改进，更加精准地满足用户的需求，从而提升用户体验和平台的竞争力。

4. 提高用户黏性

个性化推荐系统的推荐内容更符合用户的兴趣和需求，因此用户更有可能成为平台的忠实用户。这种精准推荐能够帮助用户在海量视频中快速找到感兴趣的内容，从而提高了用户对平台的满意度和忠诚度。用户更愿意在这样一个能够满足其独特需求的平台上花费更多的时间，从而有效地提高了用户的黏性。

5. 广告投放的精准性

个性化推荐系统不仅为用户推荐优质内容，同时也为广告主提供了更为精准的广告投放渠道。通过分析用户的兴趣和行为，平台能够更准确地将广告投放给目标受众，提高广告的投放效果和转化率。这种精准的广告投放不仅节省了广告主的成本，也增加了用户对广告的接受度和点击率。

6. 激励创作者创作更优质内容

个性化推荐系统对创作者的作品影响也不容忽视。通过智能算法获得关于受众反馈的数据后，创作者能够更好地了解观众的口味和需求。这种反馈机制鼓励创作者创作更符合受众喜好的短视频内容，提高创作质量和内容的吸引力。因此，个性化推荐系统不仅提高了用户体验，也推动了平台上更多优质内容的产生。

二、行为分析实现精准推荐

短视频平台通过分析用户行为，借助智能算法和个性化推荐系统，能够深入了解用户的观看习惯和喜好，从而实现更加精准的内容推荐。这种个性化推荐系统不仅有助于提高用户对推送内容的兴趣，还能够有效减少信息过载，提升用户体验。

短视频平台通过收集和分析用户在平台上的各种行为数据，构建了用户的行为模型。这些数据包括用户观看历史、点赞、评论、分享等，为推荐系统提供了宝贵的信息基础。通过深入分析这些数据，平台能够更好地理解用户的兴趣和偏好，从而为其提供更符合个性化需求的内容推荐。这些模型采用机器学习技术，能够不断地从用户行为中学习并准确地捕捉用户的兴趣点和偏好。通过对这些模型地不断优化和更新，平台能够实现更精准的内容推荐，以提高用户的满意度和忠诚度。

个性化推荐系统具备实时学习和调整的能力，能够迅速响应用户行为的变化。当用户在平台上观看新的视频或有新的互动行为时，系统能够即时更新用户的兴趣模型，确保推荐的内容始终与用户的兴趣保持一致。个性化推荐系统有效地缓解了用户面临的信息过载问题。通过向用户呈现更符合其兴趣和偏好的内容，系统避免了用户在海量信息中产生疲劳感的情况，提高了用户获取信息的效率和质量。

个性化推荐系统能够向用户提供更符合其个性化需求的内容推荐，从而提高了用户的满意度。用户能够更轻松地找到感兴趣的视频，增强其对平台的好感度和忠诚度，进而促进了用户的持续使用。个性化推荐系统的引入促进了用户更加积极地使用平台。用户更愿意探索新的内容，同时平台也能更好地推动热门创作者和内容的曝光，促进了平台的发展和壮大。基于个性化推荐系统的用户模型，广告商能够更精准地投放广告，提高了广告的点击率和转化率。这不仅为广告商带来了更好的广告效果，也为平台带来了更稳定的广告收入。通过个性化推荐系统，平台不仅在内容上实现了个性化推荐，还可以在用户体验、界面设计等方面进行个性化定制。这有助于更好地迎合用户的习惯和喜好，提升了用户的整体体验感受，增强了用户的黏性和忠诚度。尽管个性化推荐系统为用户提供了更好的观看体验，但平台也需要平衡个性化推荐与信息多样性的关系，避免用户陷入"信息茧房"，要让用户有机会接触到更广泛的内容，拓宽其视野。同时，隐私保护在个性化推荐中也是一个需要高度重视的问题，平台需要确保用户数据的安全存储和合法使用。

三、推动创作者创作受欢迎内容

通过用户反馈和行为数据的分析，短视频平台能够为创作者提供有关其受众喜好的详尽数据反馈。这种信息不仅对创作者本身有益，也推动了平台的创作生态的建设。

短视频平台通过追踪用户的观看历史、点赞、评论、分享等行为，积累了大量翔实的用户行为数据。这些数据不仅有助于平台提供个性化的推荐内容，更能深入了解受众的喜好、兴趣点以及观看习惯。通过分析用户的观看历史，平台能够识别出用户对哪些主题、内容类型感兴趣，从而为其推荐更符合个性化需求的视频。点赞、评论和分享数据则反映了用户对特定内容的喜爱程度和参与度，为平台提供了有力的反馈信息。这些互动行为数据还可用于构建用户模型，使平台更准确地了解用户的特征和偏好。短视频平台通过不断优化推荐算法，利用这些用户行为数据提高内容推荐的准确性和吸引力，进而提升用户留存和活跃度。同时，这些数据也为广告主提供了有力的定向广告投放手段，使广告更精准地触达目标受众。然而，随着对用户隐私关注的增加，短视频平台也需要谨慎处理这些数据，确保在提供个性化服务的同时保护用户隐私，遵守相关法规和规范。平衡数据应用和用户隐私之间的关系，是短视频平台发展中需要思考和解决的重要问题。

为了增强用户参与度和提高用户体验，短视频平台设立了用户反馈机制，使用户能够直接表达对特定内容的喜好或不满。用户可以通过评论、反馈表单等方式向平台传递意见和建议。平台积极收集和分析这些反馈信息，以了解用户需求和期望。通过深入研究用户的喜好和不满意之处，平台能够为创作者提供关键的改进和优化方向。这种双向沟通机制促进了创作者和用户之间的交流，推动内容创作更贴近用户兴趣和期待。通过及时响应用户反馈，短视频平台不仅提高了用户满意度，也在用户间建立了更紧密的社群关系。这种互动模式不仅有助于改进现有内容，还为平台未来的发展提供了有益的参考和指导。通过不断改进和优化，短视频平台能够更好地满足用户需求，保持竞争力并不断吸引新用户。

对于拥有创作者身份的用户，短视频平台为其提供更为详细的数据反馈，涵盖目标受众的地理分布、年龄段、兴趣标签等信息。这些数据不仅让创作者全面了解自己内容的受众群体，还帮助他们更精准地定位目标受众，提升内容的吸引力和分享率。通过分析地理分布数据，创作者能够了解不同地区的受众偏好，有针对性地调整内容风格和主题，以更好地迎合当地用户的口味。年龄段和兴趣标签的数据则使创作者能够深入了解用户的喜好，有助于优化创作策略，生产更符合目标受众兴趣的内容。这种详细的数据反馈不仅为创作者提供了灵感，也为他们提供了更多的营销策略选择。通过充分利用这些数据，创作者能够更有针对性地制定推广计划，提高内容的传播效果，同时与粉丝建立更为紧密的互动关系。这种精准的数据反馈机制帮助创作者更加深入地理解和满足他们的目标受众。

为了帮助创作者更全面地评估视频表现，短视频平台提供专业的视频分析工具，让创作者深入了解自身创作内容的关键指标，如观看时长、跳出率和互动情况。这些工具为创作者提供了详细的数据报告，使他们能够量化评估自己的内容质量和受众参与度。观看时长数据反映了观众对视频的感兴趣程度，而跳出率则揭示了观众在视频的何时何场景下选择离开。通过深入分析这些指标，创作者可以了解哪部分视频内容更受欢迎，哪些可能需要改进，从而提高整体观众留存率。互动情况的数据包括点赞、评论、分享等反馈，让创作者对观众参与程度有了直观了解。通过分析互动数据，创作者可以了解观众对内容的喜好并调整创作策略以更好地满足受众需求。这些专业的视频分析工具不仅为创作者提供了量化的数据支持，还为他们提供了改进和优化视频内容的方向。通过不断借助这些工具进行分析和调整，创作者能够提高视频质量，提升受众体验，进而加强其在短视频平台的影响力。

短视频平台通过公开展示当前热门的标签和话题，为创作者提供了宝贵的参考资源。这种举措有助于创作者及时了解并把握当前受众关注的内容趋势，以更好地迎合市场需求，提高内容的热度和曝光率。通过观察热门标签和话题，创作者能够快速了解社会热点、流行趋势以及用户的兴趣点。这为他们提供了创作灵感，使内容更具时效性和吸引力。同时，通过参与热门话题，创作者有机会将自己的作品与当前流行的主题相关联，提高视频被发现的概率，吸引更多用户。公开展示热门标签和话题也促进了创作者之间的交流和合作。创作者可以更容易地发现同一话题下的合作机会，共同创作内容，提高互动度和合作价值。

这一举措不仅为创作者提供了更广阔的创作空间，也使平台内容更加多样化和丰富，满足了用户多元化的观看需求。通过共享热门话题，短视频平台激发了创作者的创作热情，推动了平台内容生态的建设。

短视频平台为与品牌合作的创作者提供了合作数据反馈，包括广告的点击率、转化率等关键指标。这些数据反馈为创作者提供了重要的参考，帮助他们深入了解品牌合作内容的表现情况。通过分析广告的点击率，创作者能够了解受众对合作内容的关注度和点击兴趣，从而更有针对性地调整内容策略，提升广告的吸引力。转化率的数据则反映了受众对广告的实际响应程度，为创作者提供了改进和优化合作内容的线索。这种合作数据反馈不仅帮助创作者实时监测广告效果，也为其提供了与品牌合作的优化方向。创作者可以根据数据报告中的表现指标，调整创作风格、内容表达方式，以提高合作广告的整体质量和效果。

这一数据反馈机制不仅促进了创作者与品牌之间的更密切合作，还提升了广告投放的精准性和效果。品牌合作方能通过这些数据更清晰地了解广告效果，进而调整和优化合作策略，实现更高效的品牌推广。这种互动模式有助于提升平台上品牌合作的质量和成效，同时增进创作者与品牌之间的合作信任。

通过运用机器学习和数据挖掘技术，短视频平台能够为创作者构建更为精细的用户模型。这些先进技术通过分析用户观看历史、点赞、评论等多维数据，挖掘潜在的关联模式和趋势，为创作者提供更深入的洞察。机器学习算法能够识别出用户的偏好和兴趣，构建更为准确的用户模型。通过分析大规模数据集，平台可以发现隐藏在数据背后的用户行为模式，进而为创作者呈现目标受众的心理特征、行为倾向和观看习惯。这使创作者更有针对性地制定创作策略，创作出更能迎合受众口味的内容。精细的受众画像不仅有助于提高创作者的内容个性化水平，还为广告主提供更准确的定向投放策略。通过机器学习技术，平台可以更好地理解用户需求，从而优化推荐算法和个性化服务，提高平台整体的用户满意度和活跃度。这一技术的运用不仅提升了创作者在平台上的表现力，也为平台创造了更智能、个性化的用户体验。机器学习和数据挖掘技术的结合为短视频平台注入了更多智能化的元素，推动了平台在内容推荐和服务个性化方面的发展。

为了提供更全面的受众画像，短视频平台可以整合跨平台的数据，从多个平台收集用户观看历史、互动行为等信息。这种跨平台数据整合使得创作者能够更全面地了解其受众群体，包括其在不同平台上的兴趣、喜好和行为模式，有助于制定更一致、跨平台的内容创作与传播战略。这种综合性的数据洞察不仅有助于提高各平台内容的一致性和吸引力，也为创作者提供更全面的粉丝管理和发展策略。

为了提升创作者对受众需求的敏感度和理解力，短视频平台可以提供培训和支持服务。这些培训课程涵盖数据分析工具的使用、受众行为的解读以及内容优化策略等方面，帮助创作者更好地利用数据反馈进行自我提升。通过定期的培训和专业支持，创作者可以更深入地了解观众反馈，优化创作方向，提高内容的吸引力和互动性，从而更有效地满足受众需求，提升其在平台上的影响力。

通过以上手段，短视频平台为创作者提供的详尽数据反馈有助于创作者更准确地把握受众需求，精细化内容创作，提升内容的质量和受众体验，推动平台创作生态的繁荣发展。这也在一定程度上激励创作者更积极地参与平台，促进了平台的内容创作多样性。

四、提高短视频广告效果

通过个性化推荐，短视频平台不仅能够提高用户体验，还可以为广告主提供更为精准和有效的广告投放途径。

智能算法能够综合分析用户的多种行为数据，如浏览记录、点赞、评论等，从而建立用户的兴趣标签。这使得广告主能够更精准地将广告内容投放给目标受众，提高广告的点击率和转化率。例如，如果用户经常观看健身相关视频，平台可以向其推送健身器材或健康饮食的广告，增加广告的相关性和吸引力。通过分析用户在平台上的实时行为，如浏览、点赞、评论等，平台可以实现对广告的精准定向。这种行为定向广告能够更准确地反映用户当前的兴趣和需求，从而提高广告的触达效果和用户的互动率。例如，当用户在观看美食视频时，平台可以向其推送美食餐厅的广告，以提高用户对广告的关注度和点击率。平台利用用户数据建模，生成用户的个性化标签，帮助广告主更好地理解用户的个性特征和消费倾向。这使得广告主能够根据用户的标签定制广告内容，使其更贴近用户的个性，从而提高用户的广告互动率和转化率。例如，根据用户的标签，平台可以向喜爱户外运动的用户推送户外装备的广告，增加广告的吸引力和点击率。

平台可以根据用户在平台上观看的视频类型和主题，为其推荐相关内容的同时，也能更好地匹配广告内容。这样的广告投放方式更容易被用户接受，提高广告的点击率和转化率。例如，当用户在观看旅行视频时，平台可以向其推送旅行保险或旅游产品的广告，增加广告的相关性和吸引力。平台可以根据用户的行为和偏好设定广告的推送频次，避免用户过度频繁地看到相同广告而产生疲劳感。这有助于提高广告的投放效果，避免用户对广告产生厌烦情绪，从而提高广告的点击率和转化率。平台提供广告效果的详细数据反馈，包括点击率、转化率等关键指标，可以帮助广告主评估广告投放效果，优化广告策略。这种数据反馈能够让广告主更清晰地了解广告效果，从而更好地调整广告的投放策略，提高广告的效果和转化率。平台根据用户所处的具体情境和环境，推送更符合用户当前状态和需求的广告内容，以提高广告的相关性和点击率。

通过个性化推荐，短视频平台为广告主提供了更为智能和定制化的广告投放方式，有效提高了广告投放的精准度和与用户的互动率。这种个性化广告投放不仅对广告主的推广效果有益，也提高了用户对广告的接受度，实现了广告投放与用户体验的双赢。

五、丰富用户体验

个性化推荐系统在短视频平台上的应用极大地提升了用户体验，为用户提供了更加多元化、符合其口味的内容，使其能够更好地发现新颖有趣的视频，丰富在平台上的观看体验。

个性化推荐系统的出现显著提高了用户对平台的满意度。通过系统精准分析用户的历史行为和喜好，向用户推荐感兴趣的内容，使用户更愿意在平台上停留。这种个性化推荐不仅增加了用户的满意度，也增强了用户对平台的忠诚度，从而促进了平台的稳定发展。个性化推荐系统让用户能够接触到更为多元化的内容，不再受限于某一类型或主题的视频。

系统通过分析用户兴趣，向用户推荐各种类型的视频，满足用户不同的需求和偏好，拓展了用户在平台上的观看选择，提高了用户体验的丰富性和多样性。系统不仅推荐符合用户已知兴趣的内容，还引导用户发现可能未曾涉足但可能感兴趣的领域。这种引导作用促使用户挖掘新颖、未知的内容，使用户在平台上的观看体验更加丰富，增加了用户对平台的探索和发现的乐趣。

个性化推荐系统通过智能推荐，使用户无须长时间搜索或浏览大量视频即可迅速找到符合其喜好的内容。这节省了用户的时间，提高了其在平台上寻找内容的效率，增强了用户体验的便利性，使用户更愿意在平台上停留。除了推荐视频内容，系统还可以将个性化推荐应用于广告投放。根据用户的兴趣和行为，系统能够更精准地推送符合用户喜好的广告内容，提高了广告的点击率和用户参与度，进而提升了广告主的投放效果。个性化推荐系统持续向用户推荐感兴趣的内容，增加了用户在平台上的停留时间，提高了用户黏性。用户对于个性化服务的依赖性也使其更倾向于在该平台上完成观看需求，增强了用户对平台的忠诚度。系统根据用户的互动行为更精准地为用户推荐内容，提升了用户的参与感。用户感受到平台了解自己的需求，更愿意积极参与到平台的互动中，如点赞、评论、分享等，增强了用户与平台之间的互动性和沟通。个性化推荐系统通过分析用户的兴趣和行为，过滤掉用户不感兴趣的内容，帮助用户更快地找到符合其需求的内容，避免了用户信息过载的风险，提高了用户的体验质量。

六、防止信息过载

随着信息爆炸式增长，个性化推荐在短视频平台上的应用成为缓解信息过载问题、提高用户体验的有效手段。

个性化推荐系统通过分析用户的历史行为和偏好等数据，为用户筛选出更符合其兴趣的内容，从而提高了用户信息获取的效率。用户不再需要花费大量时间在不相关或不感兴趣的内容上进行搜索，而是能够迅速找到满足个人需求的内容。这种个性化的服务使用户能够更快速地获取到所需信息，提高了用户的满意度和使用平台的效率。个性化推荐系统为用户提供了个性化的信息流，能够过滤掉大量不相关或重复的内容，从而减轻了信息过载给用户带来的心理压力。用户在面对繁杂的信息时更容易集中精力，更好地了解自己所需的信息。通过个性化推荐，用户可以更轻松地获取到符合自身兴趣的内容，避免了因信息过载而感到焦虑和困扰。

个性化推荐系统不仅考虑用户过去的观看历史，还尝试引导用户发现新的、可能感兴趣的领域。这有助于用户拓宽获取内容的广度，使其能够了解更多不同主题的视频，丰富了观看体验。用户通过个性化推荐系统获得了更多元、更有趣的视频内容，提升了其在平台上的体验质量。通过了解用户的兴趣和行为，个性化推荐系统可以更精准地投放广告，提高了广告的触达率和点击率。这样不仅能够为广告主带来更好的广告效果，同时也为用户呈现了更具吸引力的广告内容，提升了用户参与广告的意愿，促进了广告市场的发展。个性化推荐系统使用户更容易发现新的优质内容，从而吸引更多的创作者加入平台，促进了平台生态的健康发展。通过不断提升用户体验和内容质量，平台能够吸引更多的用户和创作者，形成良性循环，推动平台的持续发展壮大。通过分析用户行为和反馈数据，平台能够做出更智能的、数据驱动的决策，包括内容推荐、平台改进等方面。这有助于平台更好地满足用户需求，提高整体运营效率。通过不断优化推荐算法和平台功能，平台能够更好地适应用户的需求变化，提供更优质的服务和内容，从而增强了平台的竞争力和持续发展能力。

七、隐私保护机制

在推荐过程中保护用户隐私是短视频平台的一项重要责任。采取隐私保护措施不仅有助于确保用户信息的安全性，同时也提升了用户对平台的信任度。以下是一些常见的隐私保护措施。第一，平台可以对用户个人信息进行匿名化处理，将用户身份与具体数据分离，以保护用户的隐私。这种方式可以确保在推荐过程中用户的身份得到有效保护。第二，对用户数据进行加密是一种有效的隐私保护手段。通过采用先进的加密算法，平台可以在数据传输和存储过程中确保用户信息不容易被非法获取。第三，提供用户自主选择是否参与个性化推荐的选项。一些用户可能更注重隐私，因此给予用户选择是否开启个性化推荐的权利，让用户根据个人偏好调整隐私设置。第四，平台应提供清晰明了、易于理解的隐私政策，向用户详细说明个人信息的收集、使用和保护方式。透明的隐私政策有助于建立用户对平台的信任感。第五，平台在收集用户信息时，可以限定收集敏感信息的范围，仅收集与推荐关系密切相关的信息，避免过度收集用户敏感信息。第六，确保用户信息在存储和处理过程中采取了高度安全的措施，例如使用安全的数据库和服务器，以及建立完善的权限管理系统，防止未经授权的访问。第七，平台可以定期进行安全审查，评估隐私保护措施的有效性，并根据最新的安全标准不断提升隐私保护水平。遵循相关隐私保护法规和标准，确保平台的运营符合法规要求。及时更新隐私政策以适应法规的变化，维护用户权益。第八，针对包含敏感信息的内容，平台可以采用差异化处理，确保这类信息在推荐中受到额外的隐私保护。第九，通过向用户提供相关教育资源，使用户更好地了解隐私保护的重要性并引导用户在使用平台时更加关注自己的隐私安全。

通过以上隐私保护措施的综合应用，短视频平台可以在推荐过程中充分保护用户的隐私权益，确保用户在享受个性化推荐的同时，感受到对隐私的充分尊重。这种做法既满足了用户的个性化需求，又提高了平台的社会责任感和可持续发展能力。

个性化推荐与精准传播在短视频平台上发挥了积极作用，提升了用户体验，促进了内容创作和广告效果。然而，平台在追求算法准确性时必须妥善处理与用户隐私的平衡，以确保用户信任和履行社会责任。维护这一平衡是关键，需要通过透明算法、隐私保护措施等手段，创造一个安全、可靠的平台环境。

第三章　短视频的传播效果与影响

第一节　短视频对受众的影响

在当今社交媒体时代，短视频成为引领潮流的一种媒介形式，对受众产生了深远的影响。这种媒介形式以其简短、精巧的特点在各大社交平台上迅速走红，改变了人们获取信息、社交互动以及娱乐消费的方式。下面我们将深入探讨短视频对用户的多方面影响，包括社会、文化、心理等方面。

一、短视频对受众的积极影响

短视频对受众的积极影响比较多，如短视频使受众信息获取更便捷等。

1. 短视频使受众信息获取更便捷

短视频的普及在数字化时代引领了受众行为的深刻变革，改变了人们获取、消费信息的方式。抖音、快手等短视频平台的迅速崛起不仅改变了受众的娱乐习惯，还影响了其社交、学习和生活方式。

短视频平台的迅速崛起带来了受众行为的显著变化。这些平台吸引了数以亿计的用户，成为全球最受欢迎的应用之一。用户对于短视频的观看频率和时间分配发生了明显变化。从传统的文字、图像内容切换到更为生动直观的视频形式，这种行为变革反映了用户对于信息获取方式的新需求——更加注重图像和视觉的沟通方式。短视频渗透到用户的日常生活中，成为一种不可或缺的社交媒体元素。用户通过创作、分享短视频来表达个性、展示生活点滴，这种形式的社交互动使得用户的社交行为变得更加丰富多彩。短视频通过生动的内容和创意的表达方式，改变了传统社交模式，使得用户之间的互动更为轻松、有趣。此外，短视频的碎片化信息传播也在用户行为上留下了深刻印记。相较于传统的长篇文字或图片，短视频以短时长的影像形式呈现信息，符合用户利用碎片化时间的习惯。用户可以在短时间内获取大量信息，提高了信息的吸收效率。这种碎片化的内容呈现方式使用户更愿意在碎片时间里浏览短视频，进而改变了他们的信息获取模式。

短视频的普及不仅改变了用户获取信息的途径，还深刻地影响了用户的社交行为和生活方式。用户更加注重生动直观的视觉体验，社交互动更加活跃，同时信息的碎片化传播方式也提高了信息获取的便捷性。这一系列的变革呈现了数字化时代用户行为演进的鲜明特征，预示着短视频在社会文化中的重要地位将会继续稳步上升。

2. 短视频是受众娱乐消遣的重要方式

在当今数字化社会，短视频已经成为受众娱乐消遣的一种重要方式，它的迅速崛起深刻改变了人们的娱乐习惯。无论是在通勤时间，还是在日常休息中，人们都愈加倾向于通过短视频进行娱乐消遣。

首先，短视频因其短暂的时长和轻松有趣的内容，适应了现代人快节奏生活的需求。相较于传统的电影或电视剧，短视频通常时长较短，使得受众能够在短时间内迅速观看，满足碎片化时间的娱乐需求。这种快速获得愉悦的特性符合现代社会对于高效娱乐的期待。其次，短视频平台通过推荐算法的智能推送，能够根据用户的兴趣和偏好为其提供个性化的娱乐内容。这种个性化的服务使得受众能够更轻松地找到符合自己口味的短视频，提高了娱乐体验的精准度。用户无须花费过多时间搜索，即可在短视频平台上享受到各类有趣、创意的内容。此外，短视频平台的社交互动功能也使得娱乐成为一种社交体验。用户可以通过评论、点赞、分享等方式积极参与到短视频内容的创作和传播过程中。这种互动性不仅让用户能够更深度地体验娱乐内容，同时也构建了一个共同体，让娱乐不再是单一的消遣，而是一种具有社交性质的活动。

短视频在娱乐领域的崛起已经成为人们日常生活中不可或缺的一部分。其独特性，包括时长短、内容轻松、个性化服务和社交互动，使得短视频成为受众娱乐消遣的重要方式。随着科技的不断发展，短视频的影响力将继续扩大，短视频将为人们提供更为多元、丰富的娱乐选择。

3. 创意与才华的展示平台

在当今数字化时代，短视频平台如抖音、快手等已经成为受众创意与才华展示的重要平台。这些平台为个人提供了一个广阔的舞台，让创作者通过短视频向全球展示自己的创意、才华和独特的观点。

短视频平台为创作者提供了一个开放的创作空间。用户可以通过短视频表达自己的想法、展示艺术创意或展现特殊技能，而这种自由的创作环境吸引了大量富有创造力的个体。从舞蹈、音乐、美术到科技创新，短视频平台成为各种领域的创作者展示才华的理想场所。短视频的时长短，使得用户更容易接受和分享。这种简洁直接的形式鼓励创作者用短短的时间展示最精彩的部分，吸引用户在短时间内产生共鸣。这不仅提高了创作者的曝光率，也激发了更多创作者参与到这一创作热潮中。

此外，短视频平台通过强大的社交互动功能，使创作者与用户之间建立更加紧密的联系。用户可以通过评论、点赞、分享等方式直接与创作者互动，让创作变得更加具有参与感。这种互动性不仅提高了创作者的创作积极性，也拉近了创作者与观众之间的距离，形成了一个共同体。短视频平台为创作者提供了商业化机会。通过广告、赞赏、付费礼物等方式，创作者可以用他们的才华获得回报。这种商业化机会激励了更多人加入创作者的行列，将短视频平台打造成一个融合娱乐和商业的创意产业平台。

短视频平台为受众提供了一个独特的创意与才华展示平台。通过简短的视频，创作者可以向全球展示自己的独特才华，与用户建立紧密联系。这一趋势将继续推动创意产业的发展，为更多具有创造力和才华的个体提供更多展示自己的机会。

4.社交互动与社交联结的增强

在当今数字时代，短视频已成为社交媒体内容的主要组成部分，为用户打造了一个更加生动、直观的社交互动平台。从抖音到快手，短视频平台通过其独特性，显著增强了用户之间的社交互动与社交联结。

短视频通过生动的视觉呈现方式，使用户能够以更富有表达力和沟通力的方式展示自己。相对于静态的文字或图片，视频内容更具感染力，能够更好地传达情感和信息。用户通过面部表情、动作、声音等方式表达个性。这种生动性激发了用户的共鸣，促使其更积极地参与社交互动。短视频碎片化的传播模式不仅适应了现代人快节奏生活的需求，也促使用户更频繁地参与社交互动。用户可以迅速浏览和评论短视频，这样的高效传播方式使用户间的社交联结更为紧密。短视频平台的设计注重社交互动功能，如评论、点赞、分享等，使得用户能够更积极地参与到社交场景中。用户通过评论表达观点，通过点赞表示喜爱，通过分享将有趣的内容传递给更多人。这种互动不仅仅是简单的反馈，更是一种建立联系、加深社交关系的行为。

短视频平台提供了一个直接联结创作者与用户的通道。创作者通过短视频展示自己的才华和创意，而受众可以通过评论、点赞等方式直接回应。这种直接的联结形式使得受众更容易与创作者建立情感联系，同时创作者也能够直接感受到受众的反馈，构建起一种更为紧密的社交网络。短视频平台上的用户群体往往以共同的兴趣为基础，形成了各种社交群体。用户可以在这些群体中分享、交流，建立更深入的社交关系。通过与志同道合的人互动，用户感受到了群体的认同感和社交共鸣，这对社交联结的增强至关重要。有趣、创新的短视频内容往往能够在社交网络上广泛传播。用户通过分享、转发，将优质的内容传递给更多人，形成了一种社交影响力。这种广泛传播不仅提高了创作者的曝光度，也扩大了用户之间的社交连接范围，促进了更广泛的社交互动。

二、短视频对受众的消极影响

尽管短视频在传播信息和娱乐方面具有显著的优势，但也给受众也带来了一些消极影响。其中之一是信息过度碎片化导致深度思考能力下降。随着短视频的流行，人们倾向于追求简短、直接的信息传递和快节奏的娱乐体验。这种趋势可能削弱受众的阅读和思考能力，因为他们习惯于快速浏览大量的碎片化信息，而不是深入阅读和思考复杂的内容。

1. 信息过度碎片化导致深度思考能力下降

在信息爆炸的数字时代，短视频等碎片化内容形式的兴起使得信息获取更为便捷，但同时也引发了一系列问题。

随着短视频平台的兴起，受众在短时间内接收到的信息量急剧增加。受众通常会在平台上浏览大量短视频，这种碎片化的信息传播导致了受众信息过载的现象。过多的碎片化信息可能使受众难以有效地处理和吸收，导致注意力分散和混乱。短视频的时长短，呈现方式简单直接，使得受众更倾向于浅层次地思考。受众习惯于即时的、轻松的娱乐体验，不再愿意花费时间深入思考复杂的问题。这种即时满足的趋势可能降低了受众对于复杂问题的耐心和深度思考的愿望。在碎片化的信息环境下，受众可能更倾向于追求短时知识的获取，而忽视对知识的深入理解和长期积累。短视频通常只能提供有限的信息量，难以涵盖复杂的知识结构。这可能导致受众在学习过程中形成零散的、表面性的知识，而缺乏对整体的系统把握。社交媒体平台通过算法推送，更倾向于向受众提供能够吸引短时间关注的碎片化内容。这样的推送机制进一步加强了信息碎片化的趋势，用户可能被过多相似的、短暂的信息刷屏，从而减少了接触更为深度内容的机会。信息过度碎片化可能削弱受众的深度思考能力。长时间沉浸在碎片化信息的浏览中，受众可能逐渐失去处理复杂、抽象问题的能力。深度思考需要时间和专注力，而碎片化信息的短暂性和频繁性可能阻碍了受众进行深层次的思考。信息碎片化对文化和社会价值观的影响不可忽视。过度关注短时、即时的信息可能削弱了受众对于历史、文化传承的关注，使得传统文化和深度思考的重要性逐渐被边缘化。这可能导致社会对于复杂问题的理解变得肤浅，对于长远发展的考虑减少。

2. 沉迷短视频对时间管理的挑战

在数字时代，短视频平台的兴起成为人们获取娱乐和信息的主要途径。然而，受众沉迷于短视频可能引发一系列时间管理上的问题。

短视频通常时长较短，但受众在平台上往往会陷入无限地观看中。因为每个视频的时长相对较短，不容易让人察觉时间的流逝，这使得受众容易失去时间感，难以意识到已经花费了大量时间在观看短视频上，从而影响到正常的日常工作和学习计划。短视频的时长短，使得受众可能将碎片化的时间用于观看短视频，这可能导致时间更加碎片化。当受众频繁地在零散的时间里观看短视频，他们可能难以集中精力执行更深度、复杂的任务，从而影响到任务完成的效率。短视频的吸引力在于其简短、有趣的特性，但当受众无法控制观看时间时，这些特性可能导致生产力的下降。长时间地观看短视频可能减少了个体对于工作、学习等更重要任务的专注度，从而对生产力产生负面影响。沉迷短视频可能打破受众的日常作息规律，受众可能因为在夜间过度消耗时间而导致睡眠不足，影响到第二天的工作和学习效率。这种不规律的作息可能导致生活质量的下降，进而对整体的时间管理产生负面影响。短视频平台的社交互动功能虽然丰富，但当受众花费大量时间在浏览视频上时，可能将原本用于面对面社交或其他社交活动的时间转移到了虚拟社交中。这可能影响到真实社交关系的建立和维护，加剧了社交隔离。受众沉迷于短视频可能成为一种逃避任务和拖延的手段。在面对任务压力或者需要集中注意力解决问题时，受众可能选择通过观看短视频来缓解焦虑，进而导致任务的拖延。

3. 不良内容对心理健康的潜在影响

在数字时代，随着媒体和社交平台的普及，受众容易接触到各种内容，其中不乏一些不良内容，如暴力、色情、恐怖等。这些内容对受众的心理健康有潜在的负面影响。

短视频不良内容对心理健康的潜在负面影响有不良内容中的暴力、恐怖和令人不安的元素可能引发受众负面情绪，包括恐惧、焦虑、压力等。长时间暴露于这些内容中，尤其是儿童和青少年，可能导致他们情绪难以调控，心理健康受到负面影响。不良内容中的负面行为，如暴力、自残等，可能使受众产生模仿和学习的效应。尤其是青少年，他们更容易受到媒体的影响，对这些行为进行模仿，从而导致负面行为的传播，对身心健康构成威胁。

一些不良内容中可能包含侮辱、歧视、刻板印象等负面元素，可能对受众的自我身份和认同感造成冲击。对于少数群体成员来说，这种冲击可能导致自尊心受损，对心理健康产生负面影响。观看不良内容，尤其是在晚间，可能导致受众的睡眠质量下降。内容中的刺激性和令人不安的元素可能影响入睡和睡眠深度，进而对心理健康造成负面影响。一些不良内容可能包含社交孤立、隔离等负面元素，可能导致受众对社交关系产生怀疑和疏远。这可能影响到受众的人际关系和社交发展，对心理健康构成潜在的威胁。对于过度沉浸在不良内容中的受众，他们可能忽视了现实生活中的重要活动，如工作、学习、社交等。这种沉浸可能导致生活质量下降，对整体的心理健康产生负面影响。

4. 虚拟世界与现实世界的脱节

短视频作为一种受欢迎的媒体形式，为受众提供了丰富的娱乐和信息。然而，长时间沉浸在短视频的虚拟世界中可能导致受众与现实世界的脱节。

短视频往往呈现虚构的、经过编辑处理的美好场景和生活瞬间。受众在观看这些视频时可能感受到一种与现实生活中的挑战相对立的虚拟美好。这种对比可能导致受众对自己和现实生活产生不满，形成一种逃避现实、沉浸在虚拟美好中的心理状态。短视频平台提供了一种虚拟的社交体验，受众通过评论、点赞等方式与他人互动，但这种互动往往是基于虚拟身份的。受众可能在虚拟世界中建立了一系列关系，但这并不一定反映现实社交的真实性和深度，导致虚拟社交与现实社交的脱节。

短视频的时长通常很短，受众在平台上花费的时间可能较长，但由于每个视频的短暂性，用户可能感受不到时间的真实流逝。这种虚拟时间感可能导致用户在虚拟世界中花费更多时间，忽视了现实中更为重要的事务，如工作、学习等。短视频平台鼓励受众通过视频表达自我，但这种表达往往是经过精心设计和编辑的。受众可能在虚拟世界中呈现出一种虚构的、经过美化的自我形象，与现实中的真实自我存在差距。这可能导致受众在虚拟中塑造了一个与现实相脱节的自我形象。短视频的快速刺激和即时满足往往让受众追求短时的愉悦感受，但这与现实中长期成就和目标的追求形成了对比。受众可能在虚拟世界中追求瞬时的满足感，而忽视了现实中更为持久和有意义的成就。长时间沉浸在短视频的虚拟世界中，受众的注意力可能更多地倾向于虚拟内容，而减少对现实中的事件和人际关系关注。这可能导致受众在现实中错过了一些重要的体验和机会，加深了与现实的脱节感。

三、短视频对不同受众群体的影响差异

短视频对不同受众群体的影响存在差异。年轻人可能更倾向于接受快节奏、有趣刺激的内容，短视频对其吸引力更大，可以激发情绪、引发共鸣。而对于年长者，他们可能更注重内容的实用性和深度，对于教育性、启发性的短视频更感兴趣。同时，文化、地域、教育水平等因素也会影响受众对短视频的接受程度和喜好。因此，制作短视频时需要根据目标受众的特点和需求进行精准定位和内容创作，以获得更好的影响效果。短视频对不同受众群体的影响差异体现在对青少年与成年人的影响，城乡受众对短视频的不同体验等。

1. 对青少年与成年人的影响

随着短视频在媒体和社交领域的普及，短视频对不同年龄段的受众可能产生不同的影响。我们将探讨短视频对青少年和成年人的影响差异以及可能引起的问题和挑战。

（1）对青少年的影响

青少年是社交媒体的主要用户之一，短视频强化了他们的社交互动。然而，由于社交平台上的虚拟世界与真实社交之间的差距，青少年可能陷入对社交媒体虚拟形象的过度依赖，这可能影响他们在现实中建立真实的社交关系。短视频提供了一个表达自我的平台，但对于青少年来说，可能导致他们过于关注虚拟形象的建构，而忽视了真实世界中个体发展的其他方面。这可能对他们的自我身份塑造产生一定影响。长时间在短视频上花费时间可能影响青少年的睡眠质量，特别是在晚间使用。此外，过度使用短视频可能分散他们的学习精力，导致学业压力增加。青少年对于短视频中的情感刺激更为敏感，一些负面或刺激性的内容可能对他们的情感健康产生较大影响，可能导致出现焦虑、自卑等问题。

（2）对成年人的影响

成年人更多地将短视频作为娱乐和消遣的手段。与青少年相比，他们可能更能掌握时间，将短视频作为一种轻松的放松方式，而不至于对生活其他方面产生负面影响。

对于成年人，短视频可能成为一种职业展示和推广的途径。一些专业领域的从业者可以通过短视频展示技能和经验，但也需要注意与本职工作保持平衡。成年人在短视频中可能更注重真实社交联结，通过平台与朋友、同事等建立联系。相较于青少年的虚拟社交，成年人更可能将短视频媒体作为增进社交关系的工具。成年人可能更倾向于将短视频作为学习和知识获取的一种途径。教育性、信息性的内容在这个群体中可能更受欢迎，成年人更有能力筛选出对个人和职业发展有益的内容。

2. 城乡受众对短视频的不同体验

随着短视频在全球范围内的普及，不同地域的城乡受众可能因文化、经济和社会环境的不同而在使用短视频平台时体验到各种差异。我们将探讨短视频对城乡受众的影响差异以及可能带来的问题和挑战。

（1）城市受众的体验

城市居民通常面临快节奏的生活，短视频作为碎片化的娱乐内容，更适应他们忙碌的生活方式。城市受众更倾向于在短视频中寻找放松和消遣。城市中的年轻人更注重短视频平台上的社交互动，借此表达自己的生活态度和个性。他们通过短视频平台认识新朋友、分享生活并与他人建立更广泛的虚拟社交网络。城市消费水平相对较高，城市受众更容易受到短视频中的商品推广和时尚元素的影响。他们更愿意通过短视频了解最新的潮流、产品和服务。城市受众对内容的需求更为多样化，因此短视频平台上各种各样的内容类型都可能受到欢迎。城市用户更容易接受不同风格和主题的短视频，此类视频涵盖了更广泛的兴趣和话题。

（2）农村受众的体验

相比城市，农村地区的生活节奏通常较为慢和宁静。短视频作为一种轻松的娱乐方式，农村受众更倾向于在业余时间享受视频内容，以放松身心。农村地区更注重本土文化和传统价值观念，因此短视频内容中融入当地文化元素更受农村受众欢迎。这包括传统手艺、民俗活动等内容。很多农村地区受经济、交通等发展因素所限，社交活动相对有限，随着互联网和手机的普及，短视频平台在这些地方更能发挥扩展社交圈的作用。农村用户更倾向于在平台上关注身边的朋友和邻里，加强社交网络。此外，农村用户还更关注实用性和生活技能方面的内容，例如农业知识、手工艺制作等。加之，电商平台的迅猛发展，很多农村用户还会借助短视频、直播等方式分销农产品，获得收益，使得"三农"系列短视频日渐成为了一股强劲动力助力乡村振兴战略的实施。可见，短视频正在为广大农村地区生产力的迭代升级发挥着不可估量的作用。

3. 知识水平与短视频使用的关系

短视频作为一种媒体形式，其影响因受众的教育程度而异。不同教育程度的受众在知识获取、社交互动和娱乐体验等方面体验到不同的影响。

（1）低教育程度的受众

低教育程度的受众在面对专业性、学术性的内容时理解和吸收的能力相对较低。因此，他们更倾向于选择简单易懂、娱乐性较强的短视频内容，而较难理解的知识领域可能会被忽视。低教育程度的受众在社交互动中相对被动，对于深度的讨论和知识交流的参与较为有限。这导致其在虚拟社交中的参与度较低。由于理解和吸收专业知识有一定难度，低教育程度的受众更可能将短视频作为娱乐和消遣的主要途径，而非知识获取的重要工具。

低教育程度的受众更容易受到不准确或误导性的信息影响。这可能导致其对特定话题形成偏见，增加信息误解的风险。

（2）高教育程度的受众

高教育程度的受众更有能力理解和吸收复杂、专业的知识。他们更愿意在短视频平台上寻找涉及深度学科和专业领域的内容，以满足其对知识广度和深度的需求。高教育程度的受众通常更自信并有较高的社交参与度。他们更愿意深入参与知识讨论、分享观点，通过短视频平台拓展社交网络。高教育程度的受众更具备对信息进行筛选和评估的能力，更能够辨别信息的可信度。这使得他们从短视频中更容易获取准确、有深度的信息。高教育程度的受众更多的将短视频作为展示专业知识、分享学术经验的平台。一些从业者和学者还通过短视频进行职业发展和学术交流。

短视频对不同教育程度的受众产生差异化的影响，平台和创作者需要根据受众的教育背景，提供更加个性化和有针对性的内容，同时应关注用户可能面临的问题和挑战，通过合理的运营策略和教育培训，促进受众在短视频平台上更为健康和积极地体验。

四、应对短视频影响的策略与建议

针对短视频的影响，笔者建议创作者首先了解目标受众，创作内容需符合其兴趣和需求，保持多样性和创意性。提供有价值的信息、实用的技能或娱乐内容，以吸引观众并保持关注度。同时，注意内容的真实性和可信度，避免敏感话题和不当言论。加强用户互动感和参与感，促进用户与内容，建立更紧密的联结。定期评估反馈和受众反应，调整策略和内容，持续提升用户体验。最重要的是，尊重用户隐私和权利，确保内容合法合规，营造良好的网络环境。受众应对短视频影响的策略与建议有很多，如培养批判性思维与媒体素养、合理规划时间、避免沉迷等。

1. 培养批判性思维与媒体素养

随着短视频的普及，不良内容的传播和影响也引起了广泛关注。为了帮助受众更好地理解和处理短视频内容，培养批判性思维和提高媒体素养是关键。

批判性思维使受众能够辨别短视频中可能存在的虚假信息和谣言。通过培养质疑、验证信息的能力，受众能更好地保护自己免受误导。短视频可能通过情感煽动来吸引观众，但批判性思维可以帮助受众辨别情感宣泄和真实信息之间的差异。这有助于减少受众受到极端情感影响的可能性。

通过培养批判性思维，受众可以更深入地理解短视频背后的动机，包括制作者的意图和可能的利益驱动。这有助于提高对内容真实性的判断。批判性思维使受众更能主动参与社交互动，提出问题、分享观点并参与讨论。这有助于建立更加理性和负责任的虚拟社交环境。

媒体素养使受众更了解短视频的制作技术和手段。这不仅有助于理解内容是如何制作的，也能够识别可能的虚构或编辑。短视频平台上经常伴随着广告和赞助内容，媒体素养有助于受众辨别何时他们正在被推销产品或服务。这样的认知有助于减少商业内容对受众的潜在影响。媒体素养包括对数字文化的理解，这涉及虚拟社交、网络语言等方面的知识。通过提升媒体素养，受众可以更好地融入数字化社交环境。媒体素养有助于受众更好地理解个人隐私的重要性并学会通过平台提供的隐私设置来保护个人信息。

我们怎么来培养自己的批判性思维与提升媒体素养呢？学校和社会组织可以提供关于媒体素养和批判性思维的教育与培训课程，

帮助受众掌握相关知识和技能。短视频创作者有责任提供真实、有价值的内容，同时通过透明的创作过程来教育受众。平台可以鼓励和奖励这些具有责任感的创作者。短视频平台可以通过制定规则和提供指导，引导创作者制作有益内容，同时加强对不良内容的监管，确保内容质量。组织与推广关于媒体素养和批判性思维的相关活动，如讲座、研讨会，以提高受众对这些主题的关注度。建立用户反馈机制，鼓励受众对不良内容提出投诉和意见，促使平台及时处理问题。

2. 合理规划时间，避免沉迷

随着短视频的广泛传播，受众在日常生活中使用短视频的时间也逐渐增多。然而，沉迷于短视频可能对个人的生活、学业和工作产生负面影响。因此，受众有必要合理规划时间，避免过度沉迷于短视频的消遣。

沉迷短视频可能导致大量的时间浪费，影响到正常的学习、工作和休息。过度浏览短视频可能使受众忽视现实生活中的重要事务，导致生活质量下降。沉迷于短视频可能导致受众与现实社交关系疏远，错失与朋友和家人的互动。长时间的短视频接触可能对个体的心理健康产生负面影响，如产生焦虑、抑郁等问题。

受众可以设定每天或每周观看短视频的明确时间限制，以防止过度使用。通过设立规定的浏览时间，可以有效避免长时间的沉迷。受众可以制定每日的优先事项清单，将学业、工作、健康等重要事务排在前面。在完成这些优先事项之后，再考虑分配时间给短视频娱乐。为了确保身心健康，受众应该合理规划休息时间，将短视频娱乐作为放松的一部分，而不是将其作为全天的主要活动。可以使用手机或其他设备上的提醒工具，帮助受众控制短视频使用的时间。设定提醒，及时提醒自己已经使用了足够长的时间。

为了避免在工作或学习中过于沉溺，受众可以设定固定的休息时间，合理利用这段时间进行短视频娱乐。受众可以尝试多样化的娱乐方式，包括阅读、运动、社交活动等，以减少对短视频的依赖。加强现实中的社交关系，通过与朋友和家人面对面的交流，减少对虚拟社交的依赖。在一天中设定固定的休息和断网时间，远离屏幕，有助于减轻眼睛疲劳并减少对短视频的依赖。

受众需要认识到自己是否存在对短视频的过度依赖，及时察觉并采取措施纠正。如果受众发现自己难以自控，可以寻求家人、朋友或专业人士的支持。他们可以提供鼓励和帮助受众建立更健康的生活习惯。在必要时，受众可以考虑接受心理辅导或咨询，以更深入地了解和处理沉迷于短视频可能引发的心理健康问题。

3. 加强内容监管与引导

随着短视频的迅猛发展，内容监管成为维护社会健康发展的重要任务。为了确保短视频平台上的内容具有积极向上的影响，必须加强内容监管与引导。

（1）加强内容监管

加强内容监管有助于及时发现和防范不良内容的传播，避免虚假信息、低俗内容、不当言论等对社会产生负面影响。

监管内容能够更好地保护受众的权益，尤其是保护未成年人免受不良内容的侵害，维护其身心健康。通过监管内容，可以提升用户在短视频平台上的体验，使其更愿意参与互动、分享内容，形成更加积极向上的社交氛围。

（2）推动短视频行业健康发展

内容监管能够促使短视频创作者更加负责任地创作内容，弘扬正能量，避免迎合低级趣味和制造不实信息。监管可以帮助创作者更好地理解社会价值观，鼓励他们创作更富有创新与创意的内容，为行业注入更积极的发展动力。内容监管可以规范短视频平台间的竞争行为，防止为了获取点击率而采用低级趣味和煽动性的手段，从而引导产业朝着健康方向发展。

（3）实施内容监管与引导的途径

短视频平台应制定明确的内容规范，明确不良内容的定义，规定禁止内容的范围并对违规行为进行严格惩罚。短视频平台可以利用先进的技术手段，如人工智能、机器学习等，对内容进行实时监测和过滤，提高监管效率。建立专业的内容审核团队，负责审核和监管上传的内容，确保内容符合规范并能够及时处理违规内容。为用户提供便捷的举报渠道，鼓励用户发现不良内容时能够及时进行举报，形成监管的多方参与机制。通过奖励制度、专业评审等方式，引导创作者创作更有价值、更富有创意的内容，提高平台整体内容水平。短视频平台可以与相关行业协会、监管机构合作，共同制定行业标准，推动整个行业朝着更加健康的方向发展。

加强短视频的内容监管与引导是确保社会健康稳定和推动短视频行业健康发展的关键一环。通过制定明确规范、运用技术手段、建立审核团队、提供用户举报渠道等多方面手段，可以有效引导创作者创作优质内容，维护受众权益，推动整个行业向着积极向上的方向迈进。这不仅是对短视频平台自身的负责，也是对整个社会和行业的责任担当。通过多方共同努力，可以构建一个健康、积极的短视频文化生态，让短视频更好地为社会服务。

第二节　短视频在社会舆论中的作用

短视频的崛起标志着社交媒体时代传播方式的转变。其简短、生动、易于传播的特点使其成为社会舆论中的一股强大力量。从社会到文化，从社会事件到个体表达，短视频影响着人们的观念、情感和决策，短视频在社会舆论中起到的作用非常突出，如使得信息传递快速化与碎片化，等等。

一、短视频使得信息传递快速化与碎片化

短视频的兴起标志着信息传递方式的革命，它以独特的短时长和简练的形式改变了信息传递的速度和方式。相较于传统的文字和长篇视频，短视频在信息传递方面具有独特的优势，对紧急事件、新闻和社会热点的传播产生显著影响。

短视频在传递信息上具有明显的独特之处。与传统媒体相比，短视频短时长和紧凑的内容形式更容易引起用户的关注。这种独特性使短视频成为传递信息的理想选择，特别是在需要迅速传递信息的场景下，如紧急事件的报道、新闻快讯以及对社会热点的迅速反应。

短视频的出现显著提升了信息传递的速度。在短时间内，创作者能够通过生动的画面和简练的文字迅速呈现信息。这种高效的传递方式使得用户能够在最短的时间内获取到关键信息，有助于更及时地了解事件的发展和社会的变化。

短视频以其生动形象的信息呈现方式使得信息更具感染力。通

过视觉和声音的结合，短视频能够更生动地呈现事实，引起观众的情感共鸣。这种直观的信息传递方式使得用户更容易理解和记忆，从而增强了信息的传递效果。短视频的流行改变了用户获取信息的方式。传统的文字报道或长篇视频可能需要较长时间来获取全面的信息，而短视频以其传播迅速的特点，使得用户能够在碎片化的时间里迅速获取大量信息。这种信息获取方式的改变也促使了用户更倾向于通过短视频了解新闻和事件。短视频在紧急事件的传播中表现出色。由于其可以迅速地制作和传播的特性，短视频能够迅速响应突发事件，传递关键信息，同时通过直观的方式呈现事件的真实情况，引导用户迅速了解并做出反应。这在自然灾害、社会突发事件传播等方面具有显著的优势。短视频的兴起得益于社交媒体平台的崛起。平台如抖音、快手等为短视频提供了大量传播的机会，使其更容易被用户发现和分享。这使得短视频不仅仅在传统媒体中崭露头角，更在社交媒体时代成为信息传递的重要媒介。然而，短视频带来的信息传递变革也面临一些挑战。信息的简短和碎片化可能导致用户只获取到事件的表面信息，缺乏对事件深层次的理解。此外，虚假信息在短视频中的传播也成为一个值得关注的问题，社会需要更严格的监管和审核机制。

二、短视频对舆论的引导与塑造

短视频在舆论引导和塑造方面显现出巨大的影响力，其独有的特质使其成为各种组织引导公众意见的强大工具。

视频由于其短时长和生动的呈现方式，能够引人入胜，迅速抓住用户的注意力。一段引人入胜的短视频不仅能够在短时间内引发广泛关注，还能激发用户的情感共鸣，成为社会讨论的焦点。成功的短视频往往能在短时间内引发广泛的关注和讨论。社交媒体平台上的分享、点赞和评论等互动机制使得一段引人注目的短视频能够在社交网络上迅速传播，形成热点话题。这种广泛的关注和讨论不仅提升了信息的传播速度，也拉近了用户与内容创作者之间的距离。

企业可以通过短视频展示产品特色和企业文化，非营利组织可以通过感人的故事呼吁社会关注。这种直观、生动的传播方式有助于组织更好地与公众建立联系，形成积极的品牌形象。短视频不仅仅是信息的传递者，更是一种引导公众态度和行为的手段。通过巧妙的情感营造和信息渲染，短视频能够影响用户的情感和立场，引导其对特定议题的态度和行为。这种影响力的传播在一定程度上影响了社会的价值观。社交媒体平台的兴起为短视频的舆论引导提供了广泛传播的平台。用户在平台上分享短视频，通过点赞、评论和分享等互动方式形成社交网络，进而影响更广泛的受众。社交媒体的社交性质增强了短视频在舆论引导中的传播力和影响力。然而，短视频在舆论引导和塑造中也面临一些挑战。虚假信息和短视频内容篡改可能导致信息的失真，对社会产生负面影响。因此，社会需要建立更加严格的监管和审核机制，以确保短视频的真实性和公正性。

第三节　短视频对文化传承与创新的影响

短视频为文化传承和创新提供了新的平台，将传统文化与当代潮流巧妙融合，使文化元素以更生动直观的方式传递。

短视频为传统文化提供了新的传播途径，使其以更生动直观的方式呈现。创作者可以通过短视频展示传统文化中的舞蹈、音乐、手工艺等元素，让用户在短时间内感受到传统文化的独特魅力。这种生动传递的方式使传统文化更具吸引力，吸引了年青一代的关注。短视频创作者巧妙地将传统文化元素与当代潮流进行融合，创作出具有现代感的作品。通过音乐、服饰、舞蹈等元素的搭配，短视频呈现出既传承传统文化又具有时尚潮流感的特色。这种融合不仅使传统文化焕发新的生机，也使其更好地融入当代社会。

短视频为艺术家和创作者提供了展示艺术表达和创意想法的平台。通过短视频，艺术家可以展示绘画、雕塑、摄影等艺术作品，向用户传递他们独特的艺术理念。创作者可以通过短视频分享创意想法，激发用户的灵感，推动文化的创新发展。短视频通过各种形式的创作，推动了文化的多元发展。不同地区、不同民族的文化在短视频平台上得以展示和交流，促进了文化的多样性。用户通过观看各种风格和题材的短视频，更全面地了解和体验不同文化，促进文化之间的互相借鉴和交流。短视频为传统技艺的传承提供了新的途径。手工艺、传统工艺等技艺通过短视频展示，能够得到更广泛的认知和传承。同时，创作者通过对传统技艺的创新，赋予其新的时代内涵，使传统技艺焕发出现代的魅力。短视频为文化教育提供了一种新的推广方式。通过在短视频中介绍历史、艺术、传统习俗等方面的知识，创作者能够生动地向用户传递文化知识，激发其对文化的兴趣。这种轻松有趣的方式使得文化教育更具吸引力，也更容易被年青一代接受。

社交媒体平台的兴起为短视频的传播提供了强大的助力。平台如抖音、快手等为创作者提供了广泛的传播渠道，使得短视频更容易被用户发现和分享。这为文化元素的传播和推广提供了更为便捷的途径。

然而，短视频在文化传承和创新中也面临一些挑战。过度商业化可能导致文化元素的过度包装，使其失去了本真。此外，虚假的文化表现和低质量的内容也可能对文化的传承和发展产生负面影响。因此，需要在推动文化创新的同时，保持对文化本质的尊重和理解。

短视频为文化传承和创新提供了新的平台。创作者通过短视频分享传统文化、艺术表达和创意想法，推动了文化的多元发展。在社交媒体平台的助力下，短视频成为连接不同文化、推动文化传承的重要媒介，短视频对文化传承与创新的影响主要体现在，短视频可以推动和促进个体表达与影响力的建立，短视频的负面影响需要被正确引导等方面。

一、短视频可以推动和促进个体表达与影响力的建立

短视频为个体提供了展示自己、分享观点和创作的途径，成为个体创作者建立品牌形象、积累粉丝的重要途径。这种形式使得个体在社会舆论中能够成为一股独立而有影响力的力量，通过短视频传播个体的声音对社会舆论产生直接的影响。

短视频为个体创作者提供了展示自己的平台，让他们能够通过独特的创作风格、观点和技艺来建立个体品牌形象。这种独立的展示方式使得个体更容易被用户认知和记住，从而在社交媒体上形成自己的独特风格，建立个体品牌。通过短视频，个体创作者能够迅速吸引用户，积累粉丝。社交媒体平台上的分享、点赞和评论机制使得个体创作者的作品能够迅速传播，用户能够更方便地关注并支

持自己喜欢的创作者。这样的粉丝群体不仅是用户的聚集，更是个体创作者在社交媒体上的社群。短视频使得个体创作者的声音能够迅速传播，成为社会舆论中的一股重要力量。通过分享观点、表达态度，个体创作者能够影响用户的思考和看法。这种直接而迅速的影响力使得个体创作者成为社会讨论的参与者，能够推动特定话题在社交媒体上引起更广泛的关注。短视频的快速传播性质使得个体创作者的声音能够直接传播给用户，而不受传统媒体的限制。这种直接传播的特性使得个体创作者能够更加自由地表达观点、分享创作，与观众建立更加直接的联结与互动。短视频平台提供了多元化的表达方式，个体创作者可以通过视频、音频、图像等多种形式来展示自己的才华和观点。这种多元化的表达方式不仅能够满足不同创作者的创作需求，也使得用户能够更全面地了解个体创作者的多方面才华。短视频平台促使创作者之间形成社交网络，创作者可以相互关注、互动，形成更加紧密的创作者社群。这种社交网络不仅有助于创作者之间的互相学习和创作灵感的碰撞，也使得更多人关注并支持独立创作者的发展。短视频使得个体创作者的声音能够在社会舆论中产生直接的影响。通过独特观点的表达、深入剖析特定话题，个体创作者能够引发社会关注和讨论。这对于一些社会议题的推动和引导有着积极的作用，使得更多人能够思考和参与其中。然而，个体创作者在建立品牌形象的同时也面临着一些挑战。社交媒体上的信息过载和竞争激烈可能导致个体创作者难以脱颖而出。此外，个体创作者在追求关注度的同时也需要保持原创性和真实性，避免过度迎合大众而失去自己的独特性。

二、短视频的负面影响需要被正确引导

短视频在社会舆论中确实发挥着积极的作用，但也不能忽视其负面影响。一方面，碎片化和短时长的信息呈现使得短视频往往只能涉及问题的表面，缺乏对复杂议题的深度思考。这可能导致舆论的肤浅化和情绪化，使得人们更容易受到表面信息的影响而缺乏全面的认知。

另一方面，短视频虽然能够迅速引起关注，但很容易在社会中形成短期热点。这种短暂的关注可能导致人们对问题的快速忘却，缺乏持续关注和深入讨论的动力。与传统媒体相比，短视频更容易在信息过载的时代中使用户产生注意力疲劳，使得持续关注变得更为困难。

此外，短视频的传播速度虽然迅猛，但信息的真实性和准确性也成为问题。由于时长限制和信息碎片化，短视频可能存在片面性或夸大事实的情况，进而影响公众对事件的正确理解。这对社会舆论的形成和发展带来一定的负面影响，使得信息传递更容易出现偏差。

尽管短视频在社会舆论中具有一定的积极作用，但其碎片化、短暂性和信息真实性等问题也不能被忽视。在信息时代，我们需要更加理性和深思熟虑地对待短视频的影响，促使社会媒体平台以及用户更加负责任地传播和消费信息。

第四章 全媒体环境下短视频
创新与传播的策略

在全媒体环境下，内容创作与品牌建设成为企业和个人在市场竞争中的关键战略。随着用户对于信息的需求和获取方式的不断变化，短视频作为一种形式新颖、传播速度快的内容形式，成为企业和个人吸引目标受众、塑造品牌形象的重要手段之一。

第一节 内容创作与品牌建设

全媒体时代的来临带来了新的机遇和挑战，短视频平台成为品牌建设和推广的重要战场。在全媒体时代下，本节就短视频的内容创作如何与品牌建设相互影响，以及内容创作在品牌建设中的关键作用做详细的研究说明。

一、短视频内容创作的崛起

全媒体时代的兴起标志着信息传播形式的多样化和信息获取的

便利化。随着互联网、移动设备等技术的普及，用户可以随时随地获取各种形式的信息和娱乐内容。在这个多样化的媒体环境下，短视频作为一种快速、直观、易分享的媒介迅速崛起。

全媒体时代以信息爆炸和多样性为特点，用户的关注点更加分散，各类信息在争夺用户眼球。在这个背景下，短视频平台迅速崛起，成为用户获取信息、娱乐和表达自我的重要平台。短视频以短时长、丰富多样的内容为特色，迎合了用户碎片化时间的需求，使得信息传递更为迅速和生动。用户通过短视频平台可以轻松获取新闻、学习知识、分享生活，同时享受独特的娱乐体验。这种形式也为个人才华展示提供了广阔舞台，激发了创作者的创作热情。短视频平台在全媒体时代成为连接用户与信息之间的重要桥梁，形成信息传递、社交互动和创意表达的独特环境。

抖音、快手等短视频平台的崛起彻底改变了用户的信息消费模式。这些平台通过短小、精练的视频内容，成功地满足了用户碎片化时间的需求，吸引了庞大而多样化的用户群体。短视频以其轻松、生动的形式，让用户能在短时间内获取丰富多样的信息，从而适应了现代社会快节奏的生活方式。用户通过短视频平台可以迅速浏览、分享和互动，形成了一种全新的社交体验。这种信息传播方式打破了传统媒体的局限，使用户更加深度参与内容创造和分享，同时也为创作者提供了广阔的表达空间。总体而言，短视频平台的兴起为用户提供了更便捷、多样化的信息获取途径，成为信息消费模式的重要革新。

短视频平台的流行使得品牌在这一平台上展示自身形象的机会大大增加。通过短视频内容创作，品牌得以以轻松、富有创意的方式向用户展示其独特的品牌文化和价值观。这不仅是一种推广手段，更是建立品牌与用户之间深层次关系的桥梁。短视频平台提供了一个生动直观的展示平台，品牌可以通过有趣、有深度的视频内容吸引用户的关注，激发情感共鸣。品牌通过与用户互动，回应用户的评论和反馈，形成更加紧密的互动关系。这种直接而亲密的品牌和用户间的互动有助于增强品牌认知和用户忠诚度。因此，短视频平台为品牌提供了一个强有力的传播工具，通过创意而深入的内容，品牌能够在用户心中建立积极、深刻的形象。

二、短视频在品牌建设中的作用

随着社交媒体的普及和用户对多样化内容的追求，传统的品牌建设方式已经不能完全满足消费者的需求。在这种背景下，短视频作为一种快速传播、生动形象的内容传播形式，成为品牌建设的新途径之一。通过短视频，品牌可以更直观地向用户展示自身特点、文化内涵，吸引用户的注意力和情感共鸣。短视频在品牌建设中的作用非常明显，不仅给品牌塑造提供了新途径，还提升了用户参与度，最大限度地对产品进行展示，等等。

1. 品牌塑造的新途径

短视频为品牌提供了以更为生动形象展示自身的机会。通过视频内容，品牌可以传达自己的文化、理念、产品特色等，塑造更具亲和力和个性化的形象。短视频平台为品牌提供了更为生动形象的独特展示机会。

短视频为品牌提供了一个高效的故事叙述平台，通过引人入胜的叙事，品牌能够生动地传达自己的文化和理念，引发用户的共鸣。在短视频中突出品牌的文化元素，如传统价值观、社会责任感等，能够使品牌形象更加生动而富有深度。通过巧妙的叙事手法，品牌可以将自身的历史、愿景以及核心价值传递给用户，与用户建立起情感连接。这种情感连接不仅提升了用户对品牌的认知，还加强了用户对品牌的信任和忠诚度。短视频平台的即时性和分享性使得品牌故事能够更广泛地传播，促使用户更加积极参与品牌文化的传播和分享。因此，短视频成为品牌塑造形象、传递文化和建立深层次关系的强大工具。

通过生动的视频呈现，品牌可以突出产品的特色，展示其独特之处，吸引用户的目光。

短视频提供了灵活多样的展示方式，品牌可以采用创新的手法，如动画、特效等，使产品呈现更生动有趣的一面。通过在短视频中引入亲切的品牌代言人，品牌能够建立更具亲和力的形象，使用户更容易产生情感共鸣。鼓励用户互动，例如评论、点赞等，能够加强品牌与用户之间的联结，使品牌更具个性化和亲近感。

2. 用户参与度的提升

短视频内容创作的互动性极强，用户通过点赞、评论、分享等方式直接参与创作，用户不再是被动接收者，而成为平台上互动的一部分。这显著提升了用户对品牌建设的参与度，深化了品牌与用户之间的互动关系，为品牌营销带来新的可能性。

用户可以通过简单的点赞表达喜好，同时，评论功能使得用户能够直接参与内容的讨论，与创作者建立更紧密的交流。用户通过分享喜欢的短视频，将品牌内容传播给更广泛的用户，实现内容的快速扩散，提高品牌曝光度。品牌可以设计各类挑战活动，激发用户参与创作，增强用户的黏性和忠诚度，形成更紧密的品牌社群。

利用实时互动功能，品牌能够直接回应用户评论，解答疑问，加强品牌与用户之间的实时沟通，提升用户体验。

通过用户之间的互动，品牌可以建立稳固的品牌社群，促使用户更多地参与到品牌的文化和活动中。通过用户的互动行为，短视频平台可以更精准地进行个性化推荐，满足用户独特的兴趣和需求。用户生成的评论、创意视频等丰富了平台上的内容，为品牌提供了更多元的展示方式，激发了用户的创造力。

品牌可以鼓励用户分享使用产品的故事，通过真实的用户体验，传递品牌的价值观和特色，形成更有说服力的宣传。品牌需要保持对用户互动的及时响应，维护积极的用户体验，防止负面互动影响品牌形象。未来，短视频平台可以通过技术创新，如虚拟现实和增强现实，提升互动体验，进一步拉近品牌与用户的距离。

3. 品牌传播的创意展示

短视频平台以其独特的创意性为品牌传播提供了广阔空间，使品牌得以更注重创意和故事性。通过短视频，品牌能够以更富有创意和情感的方式与用户建立深刻联结，引发用户共鸣，为品牌营销带来新的可能性。

短视频平台为品牌提供了展示独特创意的空间，通过引人入胜的画面、视觉效果，能够迅速吸引用户的注意力。通过巧妙运用音乐和配乐，品牌能够增强短视频的情感表达，使用户更容易被品牌内容打动，留下深刻印象。

借助故事性的叙述方式，品牌能够以更生动、感人的方式呈现产品或品牌故事，引发用户的情感共鸣。通过在短视频中塑造有深度的人物形象，品牌能够更好地传达自身文化和价值观，让用户更容易产生对品牌的认同感。

4．用户与品牌的深刻联结

鼓励用户参与创意活动，如拍摄有趣的短视频、参与挑战等。

品牌可以通过持续的短视频系列，延伸和发展品牌故事，让用户在观看中逐步了解品牌背后的精彩内涵。

5．品牌建设的未来趋势

未来，随着技术的不断发展，品牌可以通过将虚拟现实和增强现实技术融入短视频，创造更为沉浸式的品牌体验。品牌可以通过在不同短视频平台上展示一致但独特的创意，实现品牌形象在多平台的传播和巩固。

6．数据驱动的内容优化

短视频平台的丰富数据分析工具为品牌提供了深入了解用户喜好和反馈的机会。通过分析用户的观看时长、点赞数、评论等数据，品牌能够更灵活地调整策略，优化内容，实现与用户更好地契合，从而提升品牌效益。

通过分析用户观看时长，品牌能够了解哪些类型的内容更能够引起用户的兴趣，从而调整未来的视频制作方向。分析视频点击率有助于评估视频的吸引力，了解用户对不同主题或风格的反应，为品牌提供改进的方向。通过监测点赞、评论、分享等数据，品牌可以了解用户对内容的喜好和参与程度，从而优化互动性，提高用户黏性。深入分析用户的互动行为，例如参与挑战、创作内容等，有助于品牌更好地理解用户需求，制定更具针对性的品牌活动。

了解热门内容和关键词，有助于品牌制定更具吸引力的主题和标语，提高内容曝光度和分享率。通过实时数据分析，品牌可以快速调整营销策略，抓住热点，更好地满足用户当前的需求。

7. 用户模型构建

通过收集用户数据，品牌可以构建更精准的用户模型，了解目标受众的特征和兴趣，为定制内容提供指导。深入了解用户地域分布，有助于品牌在不同地区开展有针对性的活动，提高品牌地方化认知度。

8. 数据隐私与合规性

品牌在使用数据分析工具时需注意用户隐私保护，合规处理用户数据，遵循相关法律法规和平台规定，维护品牌声誉。采取有效的数据安全措施，保障数据的完整性和安全性，防范数据泄露和滥用，维护品牌信誉和用户信任。

短视频平台提供的丰富数据分析工具为品牌与用户之间的互动提供了实时、精准的反馈。通过深入分析用户行为、参与度、内容优化等方面的数据，品牌能够更好地了解用户需求，调整策略，实现与用户的更好契合。然而，在利用数据的过程中，品牌也需要注重用户隐私保护和数据安全，以确保品牌在数据应用中遵守法规，维护用户信任。综上所述，在短视频平台上数据分析是品牌成功营销的关键一环，为品牌提供了更为智能化的决策支持。

三、品牌建设中的内容创作策略

在品牌建设中，内容创作策略至关重要。首先，明确品牌核心价值和目标受众，创作内容需与之契合，以传递品牌理念，引发情感共鸣。其次，注重内容的原创性和独特性，通过故事化、趣味性的表达方式吸引用户关注，提升品牌认知度和影响力。同时，与用户互动，建立品牌与用户之间的情感连接，增强用户忠诚度以提升口碑传播。在内容形式上，结合品牌定位和受众特点，灵活运用视频、图片、文字等多种形式，创造多样化、富有创意的内容，以满足用户多样化的需求和娱乐方式。最后，持续优化内容策略，根据用户反馈和数据分析调整内容方向，不断提升内容质量和影响力，实现品牌与用户之间的良性互动与共赢。品牌建设中的内容创作策略比较多，主要有制定清晰的品牌内容策略等方面。

1. 制定清晰的品牌内容策略

品牌在短视频平台上的内容创作需要明确的策略，包括明确品牌形象、定位目标受众、设定内容风格等，以确保内容的一致性和战略性，从而更好地吸引目标受众，提高品牌认知度和互动量。

为了在短视频平台建立强大的品牌形象，首先，需要明确品牌的核心价值和理念，确保内容创作与品牌的基本定位相契合，形成一致的品牌形象。通过短视频传达品牌的独特特质，突显核心价值，能够在用户中建立深刻印象。其次，建立品牌独有的文化和风格，使之在短视频中得以表达。通过突出品牌的独特性，如独特的设计风格、独特的服务理念等，让用户更容易识别和记住品牌。在短视频中体现品牌的文化元素，使用户在观看过程中能够感受到品牌的独特魅力，加深其对品牌的印象。通过这种方式，品牌可以在竞争激烈的短视频平台中脱颖而出，建立起与用户更为紧密的联系，提高用户对品牌的认知度和忠诚度。在短视频平台上，提升内容创作效果的关键是详细了解目标受众的特征，包括年龄、兴趣、地域等因素，这样可以为内容创作提供精准的方向。通过深入了解受众群体的人口统计数据和行为特征，制定具体的目标用户模型，有助于更好地满足他们的需求。此外，了解目标受众的需求和喜好也是至关重要的。通过调查、分析用户反馈和行为数据，可以更好地了解用户心理和行为习惯，从而调整内容，提高观看体验。根据受众的兴趣点和喜好，制作能够引发共鸣的内容，增加用户与品牌的互动，增强其参与度。这种个性化的内容创作可以更有效地吸引目标受众，提升内容的传播效果，并在竞争激烈的短视频平台上脱颖而出。为了在竞争激烈的短视频平台中脱颖而出，品牌需要确立独特的内容风格。通过在内容中表现独特的品牌文化、设计风格或独有的表达方式，使得品牌在用户心中形成独特的印象。这样用户便可以从众多内容中轻松辨识品牌，提高了品牌的辨识度和记忆度。此外，品牌应该尝试不同的内容形式，包括创意广告、情感故事、实用教程等，以保持内容的新鲜感和多样性。通过多样化的内容形式，品牌能够满足不同用户的需求，吸引更广泛的受众群体。保持创意的灵活性，随时根据用户的反馈和市场趋势调整内容形式，确保品牌在内容创作中始终保持活力。通过独特的内容风格和多样的内容形式，品牌可以更好地吸引用户，提升在短视频平台上的影响力。在短视频平台上，品牌可以通过巧妙整合广告元素，使其融入内容中，避免过于唐突的广告感，提高用户接受度。通过自然而有趣的方式嵌入品牌信息，例如在创意故事中融入产品或品牌特色，可以使广告更具吸引力，用户更容易接受。同时，设计互动策略也是提高内容传播性和互动性的有效手段。引入投票、挑战活动等互动元素，激发用户参与，使用户更积极地参与到品牌的内容中。这不仅提高了用户参与感，还增加了内容的传播性，因为用户更倾向于分享具有互动性和趣味性的内容。通过这种方式，品牌能够在更深层次建立与用户的互动，促使用户更加积极地参与到品牌故事中，从而增强品牌在短视频平台上的影响力和传播效果。

在短视频平台上，品牌应根据热点和时事及时更新内容，保持内容的时效性，以吸引更多用户关注。通过把握时事热点，品牌能够紧跟用户关注点，制作与时俱进的内容，提高用户观看和互动的积极性。此外，利用数据分析工具是优化内容策略的关键。品牌可以通过分析用户反馈和行为数据，深入了解用户偏好和互动模式，不断调整和优化内容策略。这种数据驱动的方式可以帮助品牌更精准地满足用户需求，提升用户体验，同时也确保品牌在短视频平台上保持持续的品牌影响力增长。通过及时更新内容、把握时事热点并通过数据分析工具进行精细化管理，品牌可以在竞争激烈的短视频平台上建立更为持久和强大的影响力。

在短视频平台上，品牌内容创作的成功离不开明确的策略。通过明确品牌形象、定位目标受众、设定内容风格等策略，品牌能够更好地吸引目标受众，保持内容的一致性和战略性。持续更新与优化并通过数据分析调整策略，是品牌在短视频平台上成功的关键。通过学习成功案例，品牌可以获取更多灵感，不断创新，使得短视频平台成为品牌建设和营销的有效工具。

2. 用户生成内容：与用户互动的品牌建设新途径

品牌可以通过与用户互动、引导用户创作与品牌相关的内容，形成用户生成内容。这种方式不仅增加了用户的参与感，也为品牌建设提供了更多元化、真实的内容，进一步深化品牌与用户的联结。

设计创意挑战，鼓励用户通过参与挑战活动创作与品牌相关的内容，激发用户的创意和参与热情。引导用户分享使用品牌产品的真实故事，通过用户的视角展示产品的实际应用场景，增强用户信任感。通过实时互动功能，回应用户创作的内容，建立更直接、亲密的品牌用户关系，提高用户的参与感。开展用户投票和评选活动，让用户参与选出最佳创作，增加用户的投入感与共同体感。由用户生成的内容往往呈现多样化，不拘一格，为品牌创造更富有创意和新颖的内容，丰富整体内容生态。用户生成的内容通常更真实、更贴近生活，通过展示用户实际使用品牌产品的场景，传递真实的品牌体验。通过用户生成的内容，品牌能够在用户社交网络中获得口碑传播，提升品牌的信任度和影响力。通过与用户的互动和内容共创，品牌能够建立更为紧密的社区感，促使用户更深度地参与品牌文化。

用户生成内容是品牌建设中强有力的工具，通过与用户互动、引导用户创作，品牌能够获取更多元化、真实的内容，提升用户参与感，丰富品牌内容生态。这种形式不仅增加了品牌在社交媒体的曝光度，还加强了品牌与用户之间的情感连接，提升了品牌信任度。通过借鉴成功案例，品牌可以更好地运用用户生成内容策略，促进品牌与用户的深度互动，取得品牌建设的更大成功。

3. 短视频平台：讲故事的品牌建设良机

短视频平台提供了一个理想的舞台，品牌可以通过故事性的内容表达吸引用户。通过讲述品牌的历程、用户的故事，品牌能够深化用户对品牌的情感认同，从而提升品牌形象和用户互动。

通过呈现品牌的起源和初心，让用户深入了解品牌的核心价值，建立起对品牌的信任和共鸣。分享品牌的发展历程和克服的挑战，展示品牌坚韧不拔的精神，增强用户对品牌的认同感。通过用户的视角，讲述使用品牌产品的真实经历，强化品牌的实用性和用户友好性，吸引更多用户尝试。展示用户在使用品牌产品或服务后的成功案例，加强品牌与用户之间的情感联系，激发用户的共鸣。揭示产品设计背后的故事，包括灵感来源、创新点，引起用户对产品的好奇心，提高品牌的吸引力。通过用户体验的故事，呈现产品在用户日常生活中的实际应用场景，增加用户试用的动力。通过故事中的情感元素，如友情、家庭、奋斗等，让用户更深刻地感受到品牌所要传达的情感价值。鼓励用户分享与品牌相关的故事，通过互动，加深用户与品牌之间的情感连接。

4. 成功案例参考

Dove 的美的品牌创新故事

Dove 的美的品牌创新故事是一个强调自然美丽、多元化和自信的独特旅程，成功地传达了品牌的理念，深刻影响了美容行业。

Dove 的创新始于 2004 年，其推出了"真实美"的广告活动。这一活动通过邀请普通女性而非职业模特参与广告拍摄，展现各种年龄、体形、肤色的女人的真实美。这一创新举措突破了传统美容广告中的刻板印象，强调了每个女性都有属于自己的美丽。这种敢于挑战行业常规的做法赢得了用户的喜爱，使 Dove 品牌在美容市场上脱颖而出。随后，Dove 进一步推出了"真实美"的品牌活动，通过社交媒体平台传播更多真实美的故事。这一战略不仅强调了品牌对真实美的承诺，也促使用户分享自己的美丽故事，使品牌与用户之间建立了更为深刻的情感连接。Dove 在美容行业的创新还表现在产品研发方面。品牌推出了一系列强调滋养和呵护肌肤的产品线，包括沐浴露、洗发水和护肤品。这些产品不仅注重提供高效的保养效果，更注重在配方上尽量减少对肌肤的刺激，体现了品牌对用户的关爱和贴心。Dove 的创新还延伸到了社会责任领域。品牌关注提高女性自尊心，推动积极美的定义，通过携手各种组织和运动，呼吁打破美的陈规，提倡多元化美。这种积极的社会参与使得 Dove 不仅仅是一个美容品牌，更是一个推动社会变革的力量。最后，Dove 的美的品牌创新故事持续发展，不断更新。品牌始终关注用户的需求和市场趋势，不断推陈出新。在数字化时代，Dove 通过与年青一代用户互动，运用新媒体平台，传递品牌理念，保持了品牌的时尚性和前瞻性。

总体而言，Dove 的美的品牌创新故事通过强调真实美、产品创新、社会责任等多方面的努力，成功传达了品牌的理念，深深影响了美容行业，树立了一个积极、真实和具有深度的品牌形象。这一创新故事不仅为 Dove 赢得了用户的信任，也为其他品牌提供了有益的启示。

Apple 的创新故事

Apple 的创新故事是一段引人入胜的旅程，标志着技术界的革新和设计的巅峰。从成立之初，苹果公司就以追求卓越、创新和独特设计而著称，构建了一个独特而强大的品牌故事。

首先，苹果的创新故事始于 1976 年，这个品牌由史蒂夫·乔布斯、斯蒂夫·沃兹尼亚克和罗纳德·韦恩共同创立。他们的初衷是推动个人电脑的革新，使之对用户更加友好。1984 年，苹果发布了第一台 Macintosh 电脑，这是一次计算机历史上的颠覆性事件，它引领了个人电脑的新时代。

进入 21 世纪，苹果推出了 iPod，改变了音乐行业的格局。随后，iPhone 的推出引发了智能手机市场巨大的变革，将移动通信、音乐播放、摄影等功能集成到一个设备中，开创了智能手机的全新时代。iPad 的问世则引领了平板电脑的潮流，改变了人们对移动计算的看法。

Apple Watch 的推出使苹果进一步拓展了产品线，引领了可穿戴技术的发展。该设备不仅是一款智能手表，还是一个全面的健康和健身助手，将科技与生活更加紧密地结合在一起。

除了硬件创新，苹果在软件和服务方面也走在前列。iOS、macOS 等操作系统的不断升级以及 iTunes、App Store 等服务的推出，进一步提升了用户体验，构建了一个全方位的数字生态系统。

更值得一提的是，苹果对设计的极致追求也是其成功的关键之一。从硬件外观到用户界面，苹果产品一直以简洁、美观、易用的设计而闻名。这种设计哲学不仅使产品在功能上卓越，也使它们在视觉和触感上令人愉悦。

总的来说，Apple 的创新故事是一个源源不断的技术奇迹。通过不断挑战自己、追求卓越、勇于突破传统，苹果成功地在科技领域创造了一个引领潮流的品牌，影响了人们的日常生活，成为全球最有价值的公司之一。这个创新的旅程，不仅为苹果的品牌塑造树立了卓越的形象，也为整个科技行业的发展注入了无穷的活力。

短视频平台是讲故事的理想平台，品牌可以通过故事性的内容表达吸引用户。通过讲述品牌的历程、用户的故事，品牌能够加深用户对品牌的情感认同，建立更为亲密的用户关系。情感共鸣与品牌联结是品牌建设的重要一环，在短视频平台上，通过巧妙讲好故事，品牌能够具备更深入、更持久的品牌影响力。

四、成功案例分析

美妆品牌的短视频推广策略

美妆品牌可以通过短视频展示产品使用效果和化妆技巧，同时吸引用户参与挑战活动，形成用户间的分享和互动，从而有效推广品牌。

1. 产品使用效果展示

1.1 创意演示视频

制作创意演示视频，展示不同产品的使用效果，突出产品特色，吸引用户对产品产生兴趣。

1.2 用户体验分享

邀请美妆爱好者分享他们使用品牌产品的真实体验，通过用户的亲身感受提高产品可信度。

2. 化妆技巧教学

2.1 简单化妆教学

制作简单易学的化妆教学视频，展示如何使用品牌产品完成日常妆容，引导用户尝试。

2.2 专业化妆师分享

与专业化妆师合作，分享专业的化妆技巧和潮流趋势，提升品牌在美妆领域的权威性。

3. 用户挑战活动

3.1 创意挑战

发起创意挑战，鼓励用户使用品牌产品展示独特的妆容，激发用户创作热情，增加参与度。

3.2 时尚搭配挑战

与时尚搭配相关的挑战，通过激发用户的时尚创意，引导用户使用品牌产品完成时尚妆容。

4. 用户分享和互动

4.1 评论互动

鼓励用户在评论中分享自己的妆容心得，与其他用户互动，形成用户社区。

4.2 用户生成内容展示

精选用户创作的优秀视频展示在品牌官方平台上，让用户成为品牌的美妆代言人。

以美妆品牌为例，通过短视频展示产品使用效果、化妆技巧，并引导用户参与挑战活动，是一种有效的品牌推广策略。创意演示、用户体验分享和化妆技巧教学可以吸引用户关注和尝试。挑战活动则通过激发用户创作热情，形成用户分享和互动，扩大品牌影响力。通过评论互动和展示用户生成的内容，品牌能够建立更紧密的用户社区，提升品牌在美妆领域的认知度和美誉度。借鉴成功案例，美妆品牌可以更有针对性地制定推广策略，实现品牌在短视频平台上的更好展示和推广。

五、电商平台短视频推广策略

电商平台可以通过短视频展示产品特色、使用场景并结合抽奖、促销等形式，提高用户参与度，从而拉动销售。我们可以从产品特色展示、使用场景展示等方面来完善电商平台短视频推广策略。

1. 产品特色展示

打造一段创意的产品介绍短视频，商家将聚焦产品的特色，以引起用户的浓厚兴趣。通过生动而富有创意的展示，突显产品的独到之处，激发用户对产品的好奇心。画面设计将突出产品的创新功能、独特设计以及与众不同的使用体验。

为了增加产品的可信度，商家将邀请购买过产品的真实用户分享他们的使用体验。这种真实的用户视角将为潜在消费者提供直观而可信的信息，帮助他们更好地了解产品的实际效果和优势。通过用户分享，用户能够获得与广告不同的、更加真实的产品信息，从而更有信心做出购买决策。

整个短视频将以引人入胜的方式展示产品的各种用途和优势，同时通过真实用户的声音和视角，营造真实感和共鸣，使用户更倾向于信任并选择这款产品。这种综合的创意手法不仅能够突出产品的独特之处，还将为品牌树立积极的形象，促使用户对产品产生浓厚的兴趣和信赖。

2. 使用场景展示

在制作短视频时，商家将着重展示产品在日常生活中的实际应用场景，通过生动的画面呈现产品的实用性。用户能够更直观地感受产品在各种情境下的实际效果，从而更好地理解其功能和优势。通过这种方式，用户能够更容易产生对产品的实际需求和兴趣。

除了单一产品展示，商家还将分享不同产品之间的搭配，或者与其他商品的组合推荐。这样的信息分享有助于引导用户多样化的购物体验，提供更全面的购物建议。通过展示产品之间的协同效应，短视频将为用户提供更多选择和组合的灵感，增强其购物体验的多样性。

整个短视频将注重生活化呈现，以情境化的方式展示产品的使用场景并通过巧妙地搭配和组合，引导用户在日常生活中更好地融入这些产品。这样的创意手法不仅可以提升产品的吸引力，还能够丰富用户的购物体验，促使他们更愿意尝试不同的搭配和组合，从而增加购物的乐趣。

3. 抽奖活动

为激发用户参与热情，商家可以设计有趣的抽奖规则。用户可通过评论转发抽奖、消费满额抽奖等方式参与，增加互动性。通过评论互动和分享，用户不仅有机会获得奖品，还能推动活动传播，扩大品牌影响力。

为了吸引更多用户积极参与，商家提供丰富多样的奖品选择。热门商品、优惠券、限量款等各类奖品将满足不同用户的兴趣和需求，增加了中奖的吸引力。这样多元的奖品组合不仅提高了中奖概率，也使得抽奖活动更具吸引力。在整个抽奖过程中，商家将通过有趣的互动元素，如抽奖仪式、中奖名单公布等维持用户的关注和参与度。透过精心设计的抽奖规则和奖品选择，商家旨在为用户打造一场有趣而令人期待的活动，提升品牌在用户心中的形象，同时激发用户积极参与的热情。

4. 促销活动

结合短视频宣传限时促销活动，商家将强化紧迫感，促使用户迅速下单。在短视频中，商家将突出产品的折扣优惠信息，通过生动而引人注目的方式吸引用户以更具吸引力的价格购物。通过巧妙的画面和文字呈现，商家将突出限时促销的独特性，强调折扣的幅度和时效性。短视频将集中展示产品的优势，突出价格的吸引力，从而激发用户对折扣活动的浓厚兴趣。通过在视频中使用倒计时、快速展示产品、加入引人入胜的音乐，商家将强调时间的紧迫感，引导用户迅速做出购物决策。这样的设计旨在在有限的时间内引起用户的购物欲望，增强他们对促销活动的敏感度。

5. 用户参与度提升

商家鼓励用户在评论中分享对产品的看法，回答问题或提出建议，以促进用户间的积极互动。通过设立有趣而引人注目的问题，商家期望激发用户分享自己的使用经验、感受和建议，形成一个共享社区。精心挑选用户生成的优质内容，商家将在官方平台上分享这些反馈，使用户的声音成为品牌的重要部分。通过展示真实用户的正面评价和有益建议，商家努力让用户感受到他们在品牌发展中的重要性，同时也鼓励其他用户积极参与互动。用户成为品牌的代言人是其目标之一。通过分享用户的优质评论和建议，商家将他们视为品牌的重要代言人，传递真实而有力的品牌形象。这种口碑营销不仅增加了品牌的信誉度，还使用户感到被重视和理解。通过这一策略，商家可以建立一个积极、互动的社区，让用户之间形成更紧密的联系并让用户的声音成为品牌成功的一部分。这种用户参与的互动策略不仅能够提高品牌的认知度，还能够建立更强大的用户忠诚度。

6. 成功案例参考

淘宝直播的"好物推荐"

淘宝直播通过明星或网红主播推荐好物，并结合限时抢购和抽奖活动，成功吸引大量用户参与购物。淘宝直播作为电商平台中的一项创新服务，通过"好物推荐"等策略成功吸引了广泛关注，为用户提供更加个性化、直观的购物体验。

首先，淘宝直播通过"好物推荐"，实现了商品的直播推广。在直播中，主播通过生动有趣的方式向用户介绍商品，并分享自己的使用体验，使商品更具亲和力。这种直播形式打破了传统电商平台商品呈现的单一性，让用户更全面、真实地了解产品，提高了其购物的信任感。其次，通过"好物推荐"，淘宝直播注重挖掘个性化需求。主播根据用户群体的不同特征，精准推荐各种独特、个性化的商品。这种精准度的推荐不仅提高了用户购物的效率，也丰富了用户的购物选择，满足了个性化需求，提高了用户满意度。"好物推荐"案例还成功借助了用户互动的力量。在直播中，用户可以通过评论、点赞等互动方式与主播进行实时互动，提问、分享使用心得，形成了一个社群氛围。这种用户参与感使得购物不再是孤单的经历，而是一种共享的体验，也带动了商品的口碑传播。最后，"好物推荐"在淘宝直播中成功创造了购物的趣味性。通过主播的幽默风趣、独特的表达方式，让购物不再枯燥，反而成为一种娱乐体验。这种趣味性不仅吸引了更多用户关注，也为购物注入了更多活力，促使用户更加乐意参与和购买。

总的来说，淘宝直播通过"好物推荐"等案例，成功实现了商品直播推广、个性化需求挖掘、用户互动和购物趣味性的多方面优化。这种创新的电商体验模式为用户提供了更加丰富、有趣的购物体验，也为电商平台注入了更多的活力。这一案例不仅提高了淘宝直播的市场竞争力，也为电商行业指明了全新的发展方向。

京东短视频的"秒杀特卖"

京东短视频通过"秒杀特卖"等创新策略成功在短视频平台上推动了商品销售，为用户提供了一种紧张刺激的购物体验。

首先，京东短视频的"秒杀特卖"案例突出了限时特卖的紧迫感。通过短视频形式，京东能够清晰地传达商品的短时特卖信息，激发用户的购物冲动。借助短视频快速传播的特性，京东有效地创造了购物紧迫感，使用户在有限时间内做出购买决策。其次，京东短视频在"秒杀特卖"中充分挖掘了商品的性价比。通过强调限时特卖和抢购的优势，京东将商品的性价比提升到极致，吸引了更多的用户。这种策略不仅促使用户更愿意在特卖时段购物，也增加了用户对商品的满意度。"秒杀特卖"还通过短视频形式突出了商品的独特卖点。在短时间内，京东展示了商品的特色和优势，使用户更容易理解产品价值，提高了购物决策的效率。这种独特卖点的呈现有助于消费者更快速地了解并感知商品的价值，从而提高购物的转化率。

京东短视频在"秒杀特卖"案例中还充分利用了用户互动。通过评论、点赞等互动方式，京东创造了一个热烈的购物氛围。用户之间的互动不仅增加了购物的趣味性，也使得"秒杀特卖"活动更具社交性，进一步提高了用户对活动的关注度。

总的来说，京东短视频的"秒杀特卖"案例通过紧迫感、性价比、独特卖点和用户互动等多方面策略，成功在短视频平台上推动了商品销售。这一案例充分发挥了短视频的优势，为电商平台注入了更多创新元素，提升了用户购物体验，也为行业内其他平台提供了有益的参考。京东短视频结合秒杀特卖活动，通过短时间内的超值促销，推动用户快速完成购物。

电商平台通过短视频展示产品特色、使用场景，结合抽奖、促销等形式，能够提高用户参与度，有效拉动销售。创意的产品介绍和生活化场景展示能够引发用户兴趣，抽奖和促销活动则激发购物欲望。通过互动性强的评论和用户生成内容分享，能够建立更紧密的用户社区，增强用户的品牌忠诚度。借鉴成功案例，电商平台可以更有针对性地设计推广策略，提升在短视频平台上的品牌影响力和销售业绩。

全媒体时代下，短视频的内容创作已经成为品牌建设的重要组成部分。通过充分利用短视频平台的特点，品牌可以更好地传递自己的形象，吸引用户的关注，与用户建立更为紧密的关系。内容创作在品牌建设中扮演了关键的角色，品牌需要制定清晰的短视频推广策略，创意性地表达自身，与用户深度互动，以应对竞争激烈的市场，实现长期的可持续发展。

第二节　短视频的用户体验与参与度提升

在全媒体时代，智能算法在短视频平台上的应用成为提升用户体验、提高用户留存率的关键。通过分析用户的喜好，实现个性化的内容推荐，使用户更容易发现符合其兴趣的视频，进而提高用户留存率。短视频的用户体验与参与度提升，其体现在智能算法的运用促进用户体验与参与度提升等。

一、智能算法的运用促进用户体验与参与度提升

随着信息技术的发展，数据驱动的推荐系统成为许多互联网平台重要的组成部分。这些推荐系统利用大数据和智能算法，根据用户的历史行为、兴趣爱好等信息，为用户推荐个性化的内容，从而提升用户的体验和参与度。

1. 提供数据驱动的推荐系统

随着信息时代的来临，大量用户数据的积累成为推动智能算法发展的关键动力之一。在这个背景下，机器学习和深度学习等先进技术应运而生，为建立数据驱动的推荐系统提供了强有力的支持。本书将从智能算法在推荐系统中的应用角度，探讨其如何通过大量用户数据，运用机器学习和深度学习等技术，建立起数据驱动的推荐系统，以更好地理解用户行为和喜好。推荐系统的核心在于了解用户的兴趣和行为，为其定制个性化推荐内容。智能算法通过对大量用户数据进行分析，能够识别用户的偏好、浏览历史、购买行为

等信息。通过对这些信息的深度挖掘，推荐系统能够更全面、准确地了解用户的兴趣爱好，为用户提供更符合其需求的推荐内容。机器学习在推荐系统中的应用为算法提供了学习和优化的能力。通过训练模型，机器学习算法能够根据用户的历史行为和反馈信息不断调整推荐策略，提高推荐的精准度和用户满意度。例如，基于协同过滤的推荐算法能够通过分析用户行为和相似用户的偏好为用户推荐他们可能感兴趣的内容，实现个性化推荐。

另外，深度学习作为机器学习的一个分支，通过构建深层神经网络模型，能够更好地捕捉用户的复杂行为模式和特征。深度学习在推荐系统中的应用使得系统能够更深入地理解用户的隐含信息和需求，提高推荐的准确性和效果。例如，基于深度学习的推荐模型平台推荐系统，能够自动学习用户的高阶特征，从而更好地预测用户的兴趣。智能算法通过大量用户数据，结合机器学习和深度学习等技术，为推荐系统的建设提供了强大的工具和方法。通过深度挖掘用户数据，算法能够更全面地理解用户的行为和喜好，实现个性化的推荐服务。机器学习和深度学习的应用使得推荐系统能够不断学习优化，提高推荐的准确性和用户体验。因此，智能算法在数据驱动的推荐系统中的应用对于提升用户满意度和推动推荐技术的发展具有重要意义。

2. 提供个性化推荐的核心价值

个性化推荐系统的核心目标是通过深入了解用户的历史行为和兴趣，为每个用户量身定制内容推荐，从而提供更符合用户口味的个性化体验。这一系统基于先进的算法和大量用户数据，致力于满足用户独特的需求，加强用户与平台之间的联结，提升用户满意度。个性化推荐系统通过收集、分析和挖掘用户的历史行为数据，包括浏览记录、搜索记录、购买记录等，以全面了解用户的兴趣和偏好。这一步骤是系统建立个性化推荐的基石，通过对用户行为的深度分析，系统可以精准地把握用户的兴趣点和喜好领域，形成用户模型。个性化推荐系统运用先进的算法，如机器学习和深度学习，对用户数据进行模型训练，以预测用户可能感兴趣的内容。机器学习算法可以根据用户的历史行为进行特征提取，并通过不断地学习和优化，逐渐提高预测的准确性。深度学习算法则能够更好地捕捉用户的复杂行为模式，进一步提高推荐系统的智能性和精准度。个性化推荐系统还考虑了用户的实时反馈和变化。通过不断收集用户的互动数据，系统可以实时调整推荐策略，迅速适应用户变化的兴趣。这种动态的调整能够使推荐系统更加灵活，不仅在用户兴趣发生变化时能够及时跟进，还可以避免出现过度依赖过去行为的情况。个性化推荐系统为用户提供了更加个性化和贴合兴趣的内容推荐。用户在使用平台的过程中，能够感受到系统推荐的智能化和匹配度，从而提高对平台的忠诚度。这种个性化的体验不仅提升了用户的满意度，也为平台创造了更多的商业价值，通过精准推荐实现了用户与内容、产品之间更为紧密的联结。

个性化推荐系统通过深度了解用户的历史行为和兴趣，运用先进的算法和实时反馈机制，为每个用户提供量身定制的内容推荐，从而提供更符合用户口味的个性化体验。这一系统的发展不仅推动了用户体验的不断提升，也在商业层面带来了更多的机会和潜力。

二、智能算法促进用户体验与参与度提升

为了更好地理解用户需求和行为，智能算法通常会利用用户模

型构建技术。用户模型是对用户特征和行为进行深入分析后形成的，能够帮助平台更准确地理解用户的兴趣爱好、行为习惯等，从而为用户提供更个性化、精准的服务。在短视频领域，通过构建用户模型，平台可以更好地理解用户的偏好和需求，从而有针对性地推荐内容，提升用户体验和参与度。

1. 用户可以模型构建

随着数字化时代的到来，用户在在线平台上的观看、点赞、评论等行为数据大量积累，为构建深入了解用户的兴趣爱好和行为习惯的用户模型提供了丰富的信息资源。通过精细分析这些数据，可以描绘出用户的个性特征，为个性化服务和推荐系统提供有力支持。首先，用户的观看历史是构建用户模型的重要组成部分。通过分析用户在平台上观看的内容，我们可以了解到用户感兴趣的主题、领域和类型。例如，一位用户频繁观看科技相关视频，可能是对科技新闻或产品评测有浓厚兴趣；而另一位更倾向于美食视频的用户可能是一个美食爱好者。这样的观看历史数据可为深入挖掘用户兴趣提供直观线索。其次，用户的点赞行为也是构建用户模型的重要依据。通过分析用户点赞的内容，我们能够窥见用户的喜好和价值观。点赞通常反映了用户对特定内容的认可和喜爱程度，因此，这些数据可以用来识别用户喜欢的品牌、主题或风格，从而更好地为其推荐相关内容。另外，评论数据也是构建用户模型的重要信息源。用户的评论往往包含了更深层次的情感和观点，通过分析评论内容，我们可以了解用户的态度、情感倾向和对特定主题的看法。评论数据不仅提供了用户的主观感受，还可以用于发现用户的特殊需求和潜在兴趣，为平台改进和内容推荐提供参考依据。除了通过综合分析用户观看历史、点赞和评论等行为数据，构建用户模型的过程也包括对用户行为习惯的深入挖掘。例如，一些用户可能更倾向于在晚上浏览内容，而另一些用户可能更喜欢在周末进行观看。这样的时间习惯数据不仅能帮助预测用户的活跃时段，还可以为平台提供更合适的内容推荐策略。通过对用户观看历史、点赞、评论等行为数据的分析，可以构建出更为全面、深入的用户模型。这些用户模型不仅有助于平台更好地理解用户的兴趣爱好和行为习惯，也为实现个性化服务、提高用户满意度奠定了基础。通过不断深化对用户数据的分析，平台可以更准确地满足用户需求，提供更具吸引力的内容和服务。

2. 可以帮助提取内容特征

通过分析用户观看历史、点赞、评论等行为数据，构建用户模型，深入了解用户的兴趣爱好和行为习惯，是构建个性化推荐系统的关键一环。这一过程涉及对用户数据的综合分析和挖掘，以更精准地满足用户的需求，提供符合其口味的内容推荐。用户的观看历史是个性化推荐系统中的重要数据源之一。通过分析用户过去的观看记录，系统可以获取用户对不同主题、内容类型的喜好。例如，某用户频繁观看健康生活类短视频，系统可以推测该用户对健康、运动等方面有较浓厚的兴趣。这样的观看历史数据能够帮助系统初步构建用户的兴趣标签，为个性化推荐提供初步线索。用户的点赞和评论行为也是构建用户模型的重要元素。点赞和评论通常反映了用户对特定内容的喜好和态度。通过分析这些行为，系统可以更深入地了解用户的情感倾向和偏好。例如，如果一个用户经常点赞和评论有关美食的短视频，系统可以判断该用户对美食内容有较高的兴趣，并将美食相关的推荐纳入考虑范围。用户的互动行为也包括分享、保存等操作。这些行为同样能够为系统提供重要信息，揭示用户在短视频平台上的活跃度和社交特征。通过了解用户的社交行为，系统能够更全面地构建用户模型，为推荐系统提供更精准的依据。关键是，通过这些用户行为数据的分析，系统可以建立用户模型，包括但不限于用户的兴趣爱好、观看偏好、情感取向等特征。这一用户模型将成为个性化推荐系统的基础，为系统提供指导，使得推荐更加贴近用户的个性化需求。在实际应用中，建议综合利用机器学习和深度学习等技术，通过对用户行为数据的训练和学习，不断优化用户模型的准确性和深度。这样的个性化推荐系统将更好地满足用户的需求，提高用户体验，同时为平台和内容提供方带来更高的用户参与度和黏性。

3. 可以用机器学习模型训练

应用机器学习模型，通过不断迭代训练，使算法能够更准确地预测用户的兴趣，从而提高推荐的精准度。随着信息技术的不断发展，机器学习成为改善用户体验、提高推荐系统精准度的重要工具之一。通过应用机器学习模型，我们能够不断迭代训练算法，从而更准确地预测用户的兴趣，为用户提供个性化、精准的推荐服务。首先，建立一个有效的推荐系统需要大量的用户行为数据。这包括用户的浏览历史、点击记录、购买行为等。通过收集和分析这些数据，我们可以了解用户的喜好、偏好和行为模式，为机器学习模型提供训练数据的基础。一种常见的机器学习模型是协同过滤，它通过分析用户行为和用户之间的相似性来进行推荐。此外，基于内容的推荐方法也是常用的，它利用物品的特征和用户的历史行为来进行推荐。这两种方法可以结合使用，形成混合推荐系统，提高模型的准确性。在推荐系统中，不断迭代训练模型是至关重要的。通过监控用户的反馈，如点击率、购买率等，我们可以获取实时的用户行为数据，从而及时更新模型。采用在线学习的方式，模型可以随着用户兴趣的变化而动态调整，保持推荐的精准度。另外，利用强化学习的方法也可以进一步提升推荐系统的性能。通过引入奖励机制，模型可以根据用户的实际反馈进行优化，使得推荐更加符合用户的期望。这种方式能够在不断学习的过程中提高模型的鲁棒性，适应不同用户群体的变化。在进行机器学习模型训练的过程中，数据隐私和安全性是需要重点考虑的问题。合理的数据脱敏和隐私保护措施可以确保用户的个人信息得到有效保护，同时保持推荐系统的准确性。应用机器学习模型来提高推荐系统的精准度是一个不断优化的过程。通过收集大量用户数据、选择合适的算法和不断迭代训练，我们可以实现推荐系统的个性化、智能化，为用户提供更符合其兴趣和需求的推荐服务。这不仅提升了用户体验，也对企业的商业运营和市场营销产生积极影响。

三、个性化推荐的关键技术促进用户体验与参与度提升

在个性化推荐的关键技术中，协同过滤算法被认为是一种有效的推荐算法。该算法基于用户行为和兴趣，通过分析用户与其他用户的相似性以及用户与物品（内容）的相似性，来预测用户可能喜欢的内容。这种算法能够根据用户的历史行为和偏好，为用户推荐符合其兴趣的内容，从而提升用户体验和参与度。除此以外，还有内容推荐算法等。

1. 协同过滤算法

协同过滤算法是一种基于用户历史行为的推荐技术，通过分析用户与其他相似用户的行为关系，预测用户可能感兴趣的内容。这种算法主要分为两种类型：用户协同过滤和物品协同过滤。

在用户协同过滤中，算法通过分析用户的历史行为数据，寻找与目标用户兴趣相似的其他用户，然后将这些相似用户喜欢的内容推荐给目标用户。这种方法的优势在于能够发现用户之间的潜在兴趣关系，提高推荐的个性化水平。然而，它也面临着数据稀疏性和冷启动问题，即新用户或新内容缺乏足够的历史数据。

物品协同过滤则是基于物品之间的相似性进行推荐。当用户喜欢某个物品时，系统会推荐与该物品相似的其他物品给用户。这种方法相对较容易实现，但在处理大规模数据时可能面临计算复杂度的挑战。

2. 内容推荐算法

内容推荐算法通过分析物品（如视频、文章等）的内容特征，匹配用户的喜好，为用户推荐相似主题或风格的物品。与协同过滤相比，内容推荐算法更加独立于用户行为数据，适用于冷启动问题和新物品的推荐。

在内容推荐中，算法首先需要对物品的内容进行有效的特征提取。对于视频推荐，可以考虑使用深度学习模型提取视频的视觉和语义特征，以更好地捕捉内容的本质。然后，通过分析用户的历史偏好，推荐与用户兴趣相匹配的内容。

内容推荐算法的优势在于其对新物品的适应能力和推荐的解释

性。然而，它也面临着特征提取的挑战和对领域专业知识的需求。

3. 深度学习在推荐系统中的应用

深度学习技术在推荐系统中的应用逐渐引起关注，其强大的模型拟合能力可以更好地捕捉用户的复杂兴趣和行为模式。例如，基于神经网络的推荐模型可以使用嵌入层来学习用户和物品的向量表示，通过将它们映射到低维空间，捕捉它们之间的复杂关系。这样的模型可以在训练过程中自动学习特征，无须手动提取。

深度学习在推荐系统中的应用还包括对时序数据的建模，例如用户行为的时间序列。通过引入循环神经网络（RNN）或长短时记忆网络（LSTM），模型能够考虑到用户行为的时序关系，提高推荐的时效性。

四、个性化推荐的优势与挑战

个性化推荐在提高用户留存率方面具有显著的优势。通过分析用户的行为、偏好和历史数据，平台能够为用户量身定制推荐内容，从而增加用户对平台的黏性和忠诚度，提高用户的留存率。这种个性化推荐不仅能够满足用户的兴趣需求，还能够帮助用户发现更多符合其喜好的内容，从而提升用户的使用体验和参与度。

1. 个性化推荐的优势：提高用户留存率的个性化推荐

个性化推荐在提高用户留存率方面发挥着关键作用。通过分析用户的历史行为和喜好，推荐系统能够为用户呈现更符合其兴趣和需求的内容，从而增加用户在平台上的停留时间。这个优势不仅对用户体验有显著的改善，还对平台的商业运营产生积极影响。

个性化推荐使得用户更容易找到感兴趣的内容，减少了在海量信息中寻找的时间和精力。用户不再感到被信息淹没，而是能够更迅速地找到符合他们期望的内容，提高了使用平台的效率。个性化推荐引导用户发现新的、可能未曾了解的内容，丰富了用户的体验。通过推荐与其兴趣相符的物品，平台可以帮助用户突破信息过滤的局限，拓宽视野，从而增加用户对平台的兴趣和忠诚度。最重要的是，通过满足用户个性化需求，个性化推荐提高了用户留存率。用户更愿意长时间停留在平台上，因为他们能够持续受益于个性化推荐，感受到平台对其需求的深刻理解。这对于平台的长期用户关系建立和商业模式的稳定发展都至关重要。

2. 个性化推荐的挑战：用户隐私和透明度

尽管个性化推荐在提高用户留存率方面表现出色，但它也伴随着一系列的挑战，其中最突出的是用户隐私和透明度问题。个性化推荐的实现涉及对用户行为和偏好的大量数据的收集和分析。在这个过程中，用户的隐私必须得到充分的保护。平台需要建立健全的数据隐私保护机制，包括匿名化处理、数据加密等手段，以确保用户个人信息不被滥用或泄露。平台需要在推荐算法的设计中平衡推荐效果和用户隐私。推荐算法需要在提高个性化程度的同时，避免过度依赖用户隐私数据。采用巧妙的模型和算法设计，以在不暴露过多用户隐私的情况下实现高效的个性化推荐。提高推荐算法的透明度和可解释性也是解决用户隐私问题的重要途径。用户对推荐系统的工作原理和数据使用情况有更清晰的了解，有助于建立用户对平台的信任感。在面对用户隐私和透明度挑战时，平台需要采取综合性的措施，包括在技术手段、法规合规以及用户教育等方面的努力，以确保个性化推荐在提高用户留存率的同时，能够充分保障用户的隐私权益。这样的综合性考虑将有助于建立可持续发展的个性化推荐系统。

五、用户体验的改善与留存率的提升

更精准的内容匹配是提升用户体验与留存率的关键因素之一。通过分析用户的兴趣、偏好和行为数据，平台可以更精准地为用户推荐内容，满足用户的个性化需求，提高用户对平台的满意度和忠诚度。用户体验改善与留存率提升的主要方法有更精准的内容匹配、增加用户参与度等。·

1. 更精准的内容匹配

通过智能算法的应用，短视频平台在个性化推荐方面取得了显著的优势。这一优势不仅仅表现在提高用户留存率上，更体现在更精准的内容匹配方面。随着推荐系统的不断优化，平台能够更全面地了解用户的浏览历史、点击偏好、观看时长等多维度数据，从而更准确地洞察用户的兴趣点。短视频平台通过分析用户的行为模式和反馈数据，不仅能够预测用户当前兴趣，还能够预测未来可能的兴趣演变。这种深度的内容匹配使得用户在平台上更容易找到符合其期望的视频内容，从而提高了用户的满意度。用户可以享受到更加个性化的观看体验，感受到平台真正了解和满足自己的需求。此外，更精准的内容匹配也有助于拓展用户的兴趣范围。通过推荐与用户兴趣相关但又稍有不同的内容，平台可以引导用户发现新的、可能会感兴趣的领域，丰富用户的观看体验。这种内容拓展不仅为用户提供了更多选择，同时也促进了平台内丰富多样内容的传播与推广。

2. 增加用户参与度

个性化推荐不仅提高了用户对推荐内容的满意度，还能够增加用户的参与度。当用户发现平台能够精准地满足其兴趣时，他们更有可能产生点赞、评论等互动行为。这些互动不仅是用户对内容的积极反馈，也是用户与平台、其他用户之间建立联系的方式，从而形成更加活跃和有趣的社区氛围。个性化推荐的一项关键功能是引导用户发现他们可能喜欢但尚未发现的内容。通过推荐一些与用户兴趣相关但又稍有不同的视频，平台能够促使用户探索新的主题、创作者或风格，激发用户的好奇心。这种引导性推荐不仅拓宽了用户的观看广度，也为用户提供了更多主动参与的机会，例如在评论区分享看法、与其他用户互动。

提高用户参与度不仅有助于构建更加有黏性的用户群体，还为平台带来了更多的社交互动和用户生成内容。这不仅增强了平台的社交属性，同时也为广告和付费内容的推广提供了更广阔的基础。通过这种方式，个性化推荐在促进用户参与、建立社区连接方面发挥了积极作用。

六、成功案例

抖音的推荐系统为每位用户提供个性化的首页推荐，大幅提升了用户留存率和观看时长

抖音作为全球范围内备受欢迎的短视频平台，其成功的背后离不开其强大的推荐系统。抖音的推荐系统采用了深度学习等先进技术，通过智能算法和大数据分析，为每位用户提供高度个性化的首页推荐，从而在很大程度上提升了用户留存率和观看时长。

深度学习在抖音推荐系统中的运用起到了关键作用。该系统利用深度神经网络，能够更好地捕捉用户的行为模式、兴趣爱好、观看习惯等多维度信息。这种个性化的推荐模型能够在庞大的内容库中，快速准确地筛选出用户可能喜欢的视频，为用户提供更具吸引力的内容。

首先，抖音通过收集大量用户行为数据，包括观看历史、点赞、评论、分享等，建立了庞大的数据集。这些数据成为深度学习模型的训练基础，通过对这些数据的分析，系统能够理解用户的个性化需求，捕捉到用户的兴趣点，为用户提供更加符合其口味的内容。

其次，抖音采用了卷积神经网络等深度学习架构，用于处理和分析视频的图像和语义信息。通过对视频内容的深入学习，系统能够更好地理解视频的主题、风格和特征。这有助于确保推荐的视频不仅符合用户兴趣，还与用户的观看历史和喜好相匹配。

除了基于内容的推荐，抖音还通过采用循环神经网络等模型对用户的行为序列进行建模，考虑了时间维度的影响。这种时序建模使得推荐系统能够更好地把握用户的动态兴趣变化，及时调整推荐策略，提高推荐的时效性和精准度。

抖音推荐系统的成功还体现在其对用户行为的实时响应能力上。通过采用在线学习的方式，抖音能够根据用户的实际反馈动态调整模型，保持推荐系统的灵活性和鲁棒性。这种实时性的优势使得系统能够快速适应用户新的兴趣点，提供更有吸引力的内容。

然而，抖音的推荐系统也面临一些挑战，其中最重要的挑战之一是用户隐私和透明度。由于个性化推荐的实现涉及大量用户数据的使用，抖音需要在提高推荐效果的同时平衡用户隐私和透明度。确保用户数据的安全和合法使用以及增强推荐算法的透明度和可解释性，是抖音在推进其推荐系统优化过程中需要持续关注和改进的方向。

抖音通过深度学习等技术的应用，成功搭建了强大而高效的推荐系统，为用户提供了更具个性化和吸引力的短视频内容。这不仅提高了用户留存率和观看时长，同时也为抖音平台的长期发展奠定了坚实的基础。

通过智能算法实现个性化的内容推荐，是短视频平台提高用户体验与留存率的关键步骤。从用户模型构建、内容特征提取到协同过滤、深度学习等关键技术的应用，个性化推荐系统在不断发展和优化。在平衡用户隐私和透明度的基础上，通过提高推荐的准确性，平台能够更好地满足用户需求，提升用户体验，进而提高用户留存率，助力短视频平台在全媒体时代取得更大的成功。

在全媒体时代，提供高质量的视觉和音频效果对于短视频平台来说至关重要。这不仅能够确保用户在观看短视频时获得更加沉浸式的体验，还能够显著增加用户的观看时长。影响用户观看时长的主要因素有几个方面，如视觉体验等。

1. 视觉体验

在当今数字时代，短视频已成为人们生活中不可或缺的娱乐形式，而其成功与否往往取决于视觉体验的质量。关于视觉体验，有三个关键因素至关重要，它们分别是高清画质与分辨率、流畅的画面传递以及精心设计的视觉效果。

高清画质与分辨率是构建卓越视觉体验的基石。通过确保短视频以高清画质和适当的分辨率呈现，用户能够清晰地观看内容，感受到更为真实和细腻的画面细节。这不仅提升了用户对视频内容的感知，还在很大程度上增强了整体观看体验，使其更令人满意。流畅的画面传递直接关系到用户是否能够在观看过程中沉浸其中。保持视频画面的流畅传递，避免卡顿和画面撕裂等问题，确保用户观看过程中不受到任何干扰。这不仅提高了观看的舒适度，也让用户更容易专注于内容本身，从而更好地理解和体验视频传递的信息。精心设计的视觉效果则是吸引用户的关键。通过采用创意的、吸引人的视频编辑和特效，短视频能够提升视觉吸引力，激发用户的兴趣，使其更愿意花费更多时间观看。这种设计不仅令视频在海量内容中脱颖而出，还为品牌或创作者树立了独特的形象，有助于建立用户与内容的深度联结。

2. 音频体验

音频质量在短视频中同样至关重要，它直接影响用户对内容的感知和体验。首先，高保真音质是提供卓越音频体验的关键要素。确保音频清晰而真实，可以让用户更深度地沉浸在视频内容中。通过高保真音质，音频能够更准确地还原原始声音，使用户在观看视频时感受到更为真实和逼真的声音效果。这不仅增强了用户对内容的听觉感知，也提升了整体观看体验的质量。其次，合适的音量和平衡是确保音频在各种设备上表现出色的重要因素。调整音频音量，确保在不同设备上都有合适的音量表现，是为了满足用户在不同环境下的观看需求。同时，保持音频的平衡也是关键，避免过于刺耳或沉闷的音频效果，确保用户在任何设备上都能够舒适地享受音频。最后，引入环绕声和立体声效果是提升音频立体感的有效手段。通过在音频中加入环绕声和立体声效果，可以使用户感受到更真实的声音空间，增强音频的立体感。这样的设计不仅提高了用户的沉浸感，还创造了更具层次感和空间感的听觉体验。

3. 制作与后期处理的技术手段

专业的视频制作是确保视频内容优质的基础，涵盖了多个方面的技术与工艺。摄影技术在专业视频制作中起着至关重要的作用。合理运用摄影技巧，如适当的角度、光线和焦距，能够捕捉到更具艺术感和表现力的画面。灯光的运用也是关键，能够营造出恰到好处的氛围，提高画面的质感。而剪辑技术则通过对拍摄到的素材进行巧妙的组合和处理，使整个视频更具故事性和流畅感，确保用户在观看过程中能够保持兴趣。音频后期处理是另一个至关重要的方面。混音、降噪等技术手段，可以提升音频的质量和清晰度。音频的良好处理不仅能够增强用户的听觉体验，还有助于凸显视频的专业感和品质。音效的合理运用也是营造氛围和情感共鸣的重要手段，使用户更深度地融入视频内容。

七、技术与设备的支持

在当今数字化时代，随着移动设备的普及和技术的不断发展，视频制作也需要注重在移动端播放的优化以及探索虚拟现实（VR）和增强现实（AR）技术的应用，以提升用户的观看体验。优化移动端播放是确保视频内容能够在不同设备上流畅播放的重要一环。由于手机等移动设备的不断普及，用户观看视频的方式也越来越多样化。因此，视频制作需要考虑不同设备屏幕大小、分辨率和网络环境的差异，采取适当的编码和压缩技术，以确保视频在移动端能够高效加载和顺畅播放。这种优化能够提升用户在手机等移动设备上的观看体验，使其更加便捷和流畅。探索 VR 与 AR 技术的应用是视频制作领域的创新方向。虚拟现实和增强现实技术能够为用户提供更加沉浸式的视听感受。通过 VR 技术，用户可以身临其境地体验视频内容，仿佛置身于一个虚拟的现实世界中。而 AR 技术则可以在现实场景中叠加虚拟元素，创造出更为丰富和交互性强的观看体验。这种技术的应用不仅可以提升用户对视频的参与感和沉浸感，还能够为内容创作者带来更多的创作可能性，拓展视频制作的边界。

第三节　跨平台传播与合作

短视频跨平台传播与合作是当今数字时代媒体生态系统中的重要现象，它不仅推动了内容创作者的创意表达，也促成了不同社交媒体平台之间的协同发展。短视频跨平台传播与合作的主要表现为内容创作者在多平台发布、平台合作引流等方面。

一、内容创作者在多平台发布

短视频创作者通过跨平台传播的策略，充分利用不同社交媒体平台的用户基数和特点，将相同或相似的短视频内容在多个平台上发布。这种跨平台传播不仅带来了内容的更广泛曝光，还有效吸引了更多受众，为创作者带来了更为广泛的影响力和机会。

跨平台传播有助于扩大内容的覆盖面。不同的社交媒体平台拥有各自庞大的用户群体，具有独特的平台氛围和用户偏好。创作者通过在多个平台上发布相同的内容，能够覆盖更多的潜在受众，提高内容在数字空间的可见度。这种多渠道的传播方式使得短视频内容能够更全面地传播，进而吸引更多用户的注意。

跨平台传播有助于应对不同平台的算法和特性。不同的社交媒体平台采用不同的算法和内容推送机制，对用户的需求和偏好也存在一定的差异。通过在多个平台上发布相似的内容，创作者能够更好地适应不同平台的特性，提高内容在各个平台上的可见度。这样的灵活性有助于创作者更好地理解和满足不同平台上用户的需求。

跨平台传播还带来了更多的用户互动和参与。不同平台上的用户群体可能有不同的互动方式和反馈习惯，通过跨平台传播，创作者能够获得更为丰富和多样化的用户反馈。这有助于创作者更好地了解受众的需求，进一步优化和调整内容策略，提高用户满意度。

在商业层面上，跨平台传播也为创作者带来更多的商业机会。通过在多个平台上积累较高的关注度和受众基础，创作者可以更容易地吸引品牌合作、赞助等商业机会。这种跨平台的曝光度提高了创作者在商业合作中的谈判地位，为其赢得更多的商业价值。

短视频创作者通过跨平台传播的方式，巧妙地利用了不同社交媒体平台的用户基数和特点，实现了内容更广泛地曝光，吸引了更多的受众。这种传播模式不仅做到了更为全面的用户覆盖，也为创作者在商业合作和社交互动方面创造了更多的机会。随着数字时代的不断发展，短视频跨平台传播将继续成为创作者们拓展影响力和实现商业价值的重要战略之一。

二、平台合作引流

不同社交媒体平台之间通过合作引流，实现用户流量的互通互联，成为数字时代媒体生态中的一种战略合作模式。这种跨平台合作引流的机制，有效地推动了内容在不同平台之间的传播，形成了内容的连锁传播效应，促使热门短视频在数字空间中获得更为广泛的曝光。

跨平台合作引流拓展了内容的传播渠道。不同社交媒体平台拥有独特的用户群体和特定的用户习惯，通过合作引流，创作者能够将优质内容在多个平台上呈现，从而覆盖更广泛的受众。例如，当一段热门短视频在抖音走红后，通过与其他平台的合作引流，能够迅速在快手、微博等平台上再次传播，实现内容在不同社交媒体上的多渠道推广。

跨平台合作引流实现了用户流量的有机互通。社交媒体平台之间的合作，使得用户在浏览不同平台时能够无缝链接到相似的短视频内容。这样的有机互通有助于提高用户的观看体验，同时也促使用户在不同平台上保持对同一内容的关注。这种用户流量的有机互通形成了一个数字生态系统，为创作者和平台带来更为丰富的用户互动和社交效应。

跨平台合作引流为平台提供了更多的商业机会。合作平台之间可以通过共享用户资源，共同举办联动活动、合作赛事等，促使用户跨平台参与，提高平台用户黏性。这样的合作模式也为广告主提供了更多的广告投放选择，进一步丰富了广告市场，创造了更多商业价值。

最重要的是，跨平台合作引流形成了内容的连锁传播效应。一段热门的短视频在某一平台上引起轰动后，通过合作引流迅速在其他平台上传播。这种连锁传播效应将用户的关注点从一个平台扩散到多个平台，使得内容能够迅速走红，积累更多的粉丝和观众。这种效应不仅对创作者的影响力提升有巨大帮助，也使参与合作的不同平台形成了共赢局面。

三、社交媒体平台推出联动活动

为促进社交媒体平台之间的合作，平台常常推出联动活动，这些活动以各种形式包括合作挑战、联名活动等，通过共同的活动吸引用户参与，实现跨平台传播的效果。这种策略不仅推动了不同平台之间的合作，也为用户提供了更丰富多彩的互动体验。

合作挑战是社交媒体平台联动的一种有效手段。这类挑战通常由两个或多个平台共同发起，邀请用户在不同平台上参与相同或相关的挑战。例如，一场音乐跨平台挑战可以在抖音上启动，但同样可以在快手、微博等平台上进行，以吸引更多用户参与。这种联动挑战除了创造有趣的内容，还能够通过用户参与的方式促使内容在不同平台上传播，实现跨平台的效果。

联名活动也是促进平台合作的重要方式。社交媒体平台可以通过与其他平台或品牌合作，推出共同的活动，例如联名直播、线上发布会等。这种合作活动既能够整合各平台的优势资源，也能够吸引更多用户跨平台参与。联名活动的推出不仅能够增加活动的曝光量，同时也为用户提供了全新的社交互动体验。

举办共同主题的推广活动也是社交媒体平台联动的一种方式。例如，多个平台在某一特定时期推出共同主题的活动，如节日庆典、社会热点等，通过各平台上发布相关内容，共同制造一个大型的社交媒体事件。这样的联动活动通过共同的主题将用户的关注点集中到一个话题上，进而推动内容的传播，形成更广泛的社交讨论。

社交媒体平台也会通过激励措施促使用户参与联动活动。例如，通过举办合作挑战赛，为用户提供奖励、打卡机会等激励措施，增强用户参与的积极性。这样的激励机制有助于提高用户参与度，使联动活动更具吸引力。

这些联动活动的推出实现了社交媒体平台之间内容的互通，为创作者提供更广泛的平台资源。通过用户参与联动活动，不同平台的内容能够在用户间形成更紧密的互动，各平台能够共享用户流量，创作者也能够更轻松地拓展自己的受众基础。这样的合作机制提高了平台之间的互利共赢，推动了数字媒体领域的共同繁荣。

社交媒体平台通过推出联动活动，如合作挑战、联名活动等，达到了跨平台传播的效果。这种合作模式促使不同平台间形成更加紧密的互动，为用户提供了更为丰富的社交体验，也为创作者提供了更广泛的平台资源。这样的联动活动不仅推动了数字媒体领域的合作与创新，也为用户创造了更多有趣的社交互动体验。

四、短视频 IP 跨媒体延伸

短视频内容在某一平台走红后，创作者通常会考虑将其知识产权（IP）延伸到其他媒体形式，如影视剧、小说、周边产品等。这种跨媒体合作不仅拓展了内容的表达形式，还进一步强化了短视频在多个领域的影响力，为创作者创造了更广泛的影响和商业机会。

将短视频内容延伸到其他媒体形式，如影视剧，为创作者提供了更大的叙事空间和表达深度。短视频通常受到时长的限制，而在影视剧中，创作者可以更充分地展开故事情节，深入挖掘角色的性格和情感，使得原本短暂的瞬间得以更为丰富地呈现。这种跨媒体的表达方式有助于提升内容的深度和复杂度，吸引更广泛的受众。

将短视频内容改编成小说，为用户提供了另一种沉浸式的阅读体验。小说具有更灵活的叙事结构和文字表达方式，能够深入描绘角色的内心世界和故事的背景，满足读者对于深度叙事的渴望。通过小说的形式，创作者能够将原始短视频内容进行更为细致地展开，与读者建立更为深厚的情感联结，进而拓展了受众群体。

将短视频内容延伸到周边产品领域，如衍生品、游戏等，为创作者带来了额外的商业价值。成功的短视频 IP 通常拥有独特的故事世界和角色形象，这些元素可以被巧妙地运用在各种周边产品中，从而形成一个完整的 IP 生态。这样的跨媒体合作不仅满足了用户多样化的消费需求，也为创作者提供了更多的商业变现机会。

跨媒体合作进一步强化了短视频在不同领域的影响力。将短视频内容延伸到其他媒体形式，不仅能够在数字平台上取得成功，还能够走进传统媒体领域，扩大影响范围。例如，一部由热门短视频改编的影视剧不仅能在视频平台上独领风骚，还能够通过传统电视、影院等渠道触达更多观众，进一步巩固短视频 IP 的地位。

五、品牌利用多平台资源

品牌在推广产品或服务时，经常会在多个社交媒体平台上展开合作活动。通过在短视频平台与其他平台的合作，品牌能够更全面地覆盖目标受众，提高品牌知名度。品牌在推广产品或服务时，在多个社交媒体平台展开合作活动已成为一种有效的推广策略。特别是在短视频平台与其他平台的合作中，品牌能够更全面地覆盖目标受众，提高品牌知名度。

跨平台合作为品牌提供了更广泛的曝光机会。短视频平台拥有庞大的用户基数，而其他社交媒体平台则可能有不同的用户群体。通过在短视频平台与其他平台展开合作，品牌能够将自己的广告或推广内容在不同平台上展示，从而覆盖更多潜在客户。这种跨平台的曝光有助于品牌在不同用户群体中建立更为广泛的品牌认知，实现更全面的目标受众覆盖。

跨平台合作为品牌提供了多样化的推广形式。短视频平台通常以短小精悍、富有创意的内容为特点，而其他社交媒体平台可能更适合长篇文字、高质量图片等不同形式的内容。通过由短视频平台与其他平台展开合作，品牌可以更灵活地运用不同媒体形式，根据不同平台的特点创作更吸引人的内容，从而更好地迎合不同受众的喜好和需求。

跨平台合作还加强了品牌的整体传播效果。品牌通过短视频平台与其他平台合作，形成了内容的连贯性传播。用户在短视频平台上看到的广告或推广内容可以在其他平台上延续，形成更为一体化的品牌形象。这种整合传播的效果使得品牌更容易在用户心中建立统一的形象，增强品牌认知度。

跨平台合作提高了品牌的社交互动性。短视频平台通常以社交为特点，用户更容易进行互动、评论和分享。通过短视频平台与其他社交媒体平台展开合作，品牌能够与用户进行更为紧密的互动，接收用户的反馈和评论。这种社交互动性有助于品牌更好地了解用户需求，建立更为积极的品牌形象，促使用户更加积极地参与品牌推广。

六、广告主的多平台广告投放

为了最大程度地覆盖潜在客户，广告主普遍倾向于在多个社交媒体平台上投放广告。这种多平台的广告投放战略在短视频领域得到广泛应用，从而实现更全面的品牌曝光。这样的策略不仅充分利用了各平台的用户群体和特点，还提高了广告在数字空间的可见性，为品牌创造了更为全面的推广效果。

在短视频领域，多平台广告投放战略拓展了品牌曝光渠道。短视频平台具有庞大的用户基数，而不同的平台又有着独特的用户群体和特色。通过在多个社交媒体平台上投放，广告能够覆盖更广泛的受众，满足不同平台用户的需求和偏好。这种多渠道的曝光不仅使广告能够触达更多潜在客户，也使品牌更好地融入用户的日常数字体验中。

多平台广告投放战略有助于提高广告的触达频次。在不同的社交媒体平台上投放相同或相关的广告，能够在用户的数字日常中形成一定的重复曝光效果。这种频次的增加有助于加强广告在用户心中的印象，提高品牌知名度。用户在多个平台上看到相同的广告，更容易记住品牌并在购物决策时考虑选择该品牌。

多平台广告投放战略弥补了各平台受众特性差异。不同社交媒体平台有不同的用户群体和使用场景，因此同一广告可能在不同平台上产生不同的效果。通过在多个平台上投放广告，广告主可以更好地适应各平台的特点，调整广告内容和形式，以更好地满足各平台用户的需求。这样的差异化投放策略有助于提高广告在各个平台上的效果和回报率。

最重要的是，多平台广告投放战略强化了品牌的整体数字营销布局。广告主不再局限于单一平台，而是构建一个多平台的数字生态系统。这种生态系统的构建不仅丰富了品牌的数字营销手段，也提高了品牌在数字空间的竞争力。通过在多个平台上实施一体化的广告战略，品牌能够更好地应对市场的多变性，取得更广泛的品牌影响力。

七、平台间内容创作者的交流与合作

短视频创作者之间常常在不同平台上建立联系，进行跨平台的交流与合作。这种合作不仅有助于彼此的知名度提升，还能够在不同平台上产生更多的创意碰撞。这样的合作模式不仅促进了创作者间的互动，也为数字娱乐领域注入了更多创新和多样性。

跨平台的合作促进了创作者之间的互相认知和知名度提升。通过在不同社交媒体平台上建立联系并共同合作，创作者能够借助对方的受众基础和影响力，实现在新平台上的曝光。这种相互宣传和推广有助于扩大创作者在数字空间的知名度，提高其在多个平台上的关注度，进而吸引更多用户和粉丝。

跨平台的交流合作创造了更多的创意碰撞。不同社交媒体平台有着各自的特点和用户需求，创作者在不同平台上积累了不同的经验和风格。通过跨平台的交流合作，创作者能够将不同平台的创意元素融合在一起，产生更具创新性和独特性的内容。这样的创意碰撞不仅丰富了数字娱乐领域的内容形式，也为用户带来更多新奇的体验。

跨平台合作拓展了创作者的合作伙伴网络。在数字娱乐领域，创作者之间的合作不是局限于同一平台，而是涉足多个平台。这种跨平台的合作不仅促进了创作者间的深度合作，也为他们搭建了更广泛的合作网络。通过这样的网络拓展，创作者能够共享资源、互相支持，进一步提升整个数字娱乐社区的创作水平和影响力。最重要的是，跨平台的合作为用户带来了更丰富多彩的数字娱乐体验。用户可以在不同平台上发现并欣赏到同一组创作者的作品，体验到涉足不同平台的内容创意。这种跨平台的合作不仅为用户提供了更全面的数字娱乐选择，也促使用户更加积极地参与和互动，形成一个更为活跃和多元的数字娱乐社区。

八、数据分享与分析

平台之间可能分享短视频内容的数据信息，以帮助创作者更好地了解受众特征、喜好等，从而优化内容策略。这种数据分享有助于提高内容的精准度和吸引力，同时为创作者提供更明确的创作方向。

通过平台之间的数据分享，创作者可以获取更全面的受众信息。不同社交媒体平台拥有独特的用户群体，通过分享数据，创作者可以获得跨平台的综合受众分析。这包括受众的年龄、地理位置、性别、兴趣爱好等方面的信息，来帮助创作者更全面、深入地了解受众特征。有了这些数据支持，创作者可以更有针对性地创作内容，更好地满足不同平台用户的需求。

数据分享有助于创作者更准确地把握受众喜好和内容市场趋势。通过分析平台提供的数据，创作者可以了解用户对于不同类型、主题的短视频的喜好程度。这种数据分析可以帮助创作者更好地把握市场趋势，预测受众喜好的变化，从而及时调整内容策略，保持内容的新颖性和吸引力。数据分享使创作者能够更加敏锐地捕捉到受众的反馈，为创作提供及时的指导。

平台之间的数据分享也为创作者提供了更多的创作灵感。通过了解不同平台上成功的短视频案例和内容创作趋势，创作者可以得到更多的创作灵感。这种跨平台的数据分享促使创作者拓宽视野，吸收不同领域的创意元素，创造出更为多样化和创新性的内容。这样的跨界学习对于提升创作者的创作水平和内容质量具有积极的影响。最重要的是，数据分享为创作者提供了更科学的内容优化手段。通过分析平台数据，创作者可以量化用户的反馈和互动情况，了解哪些类型的内容更受欢迎。这种数据驱动的内容优化可以使创作者更有针对性地进行创作决策，提高内容的质量和吸引力。创作者可以根据数据的反馈，不断调整创作策略，生产更符合受众需求的内容。

九、短视频平台提供跨平台工具

为了方便创作者进行跨平台传播，一些短视频平台提供了跨平台分享工具，支持创作者将短视频快速分享到其他社交媒体平台，促进了内容的快速传播。这种跨平台分享工具不仅简化了创作者的操作流程，还加速了内容的传播速度，为数字娱乐领域的创作者提供了更便捷的推广途径。

跨平台分享工具简化了创作者的操作流程。传统上，创作者需要手动下载、保存短视频，然后再手动上传到其他社交媒体平台，这一过程既烦琐又耗时。而有了跨平台分享工具，创作者只需点击几下，即可将短视频快速分享到其他平台，极大地简化了操作流程。这种便捷性不仅提高了创作者的工作效率，也鼓励了更多创作者积极参与跨平台传播，推动数字娱乐内容的多元发展。

跨平台分享工具拓展了内容的传播渠道。短视频平台通常拥有庞大的用户基数，但不同平台的用户群体存在差异。通过跨平台分享工具，创作者能够将自己的短视频快速传播到其他社交媒体平台，触达更广泛的用户。这种多渠道传播有助于提高短视频的曝光度，增加观看数量，同时也为创作者建立更全面的数字娱乐品牌形象提供了机会。

跨平台分享工具促进了数字娱乐领域的社交互动。通过一键分享到多个平台，创作者能够更加方便地与用户互动，回应评论、分享创作幕后花絮等。这种社交互动不仅增强了创作者与用户之间的联系，也使得用户更容易参与到数字娱乐社区中，形成更为紧密的社交关系。跨平台分享工具的使用将数字娱乐推向一个更加社交化的方向。最重要的是，跨平台分享工具助力数字娱乐内容的快速传播。随着短视频在数字娱乐领域的流行，快速传播成为创作者提高知名度和影响力的重要途径。跨平台分享工具的存在使得创作者能够更快捷地将内容传播到不同的社交媒体平台，提高了内容的可见度，吸引更多用户的关注，实现了数字娱乐内容的迅速传播。

短视频跨平台传播与合作已经成为数字时代媒体生态中不可忽视的一部分。这种合作不仅推动了数字内容创作者的创意发展，也促进了不同社交媒体平台之间的资源共享，使得短视频内容能够更广泛地触达不同受众。这样的合作模式有望在未来进一步深化，为数字内容创作者和平台提供更多的机遇和挑战。短视频跨平台传播与合作推动了数字内容创作者的创意发展。通过在不同社交媒体平台上展示和推广短视频内容，创作者能够获得更丰富的用户反馈和多元的创意灵感。不同平台的用户群体和文化氛围也为创作者提供了更广泛的创作空间。这种交流与合作模式激发了创作者的创造力，促进了数字娱乐内容的多样性和创新性。跨平台合作促进了不同社交媒体平台之间的资源共享。平台之间的数据、用户群体等资源得以流通，为创作者提供更全面的信息和更广泛的影响力。这种资源共享不仅推动了数字娱乐领域的合作与互通，也为平台提供了更多内容，增加了用户留存率和活跃度，形成了良性循环。

短视频跨平台合作使得内容更广泛地触达不同受众。不同社交媒体平台拥有独特的用户群体，通过在多个平台上展示短视频，创作者能够触达更广泛的受众。这种广泛传播不仅提高了短视频的曝光度，也为创作者拓展了受众基础，增强了数字娱乐内容的影响力。短视频跨平台传播与合作为数字内容创作者和平台提供了更多的机遇和挑战。创作者有机会在不同平台上建立更广泛的影响力，实现自身的品牌价值最大化。同时，平台也能通过与其他平台的合作，吸引更多优质创作者和内容，提升平台整体竞争力。然而，这也带来了内容管理、平台标准等方面的挑战，需要平台和创作者共同努力解决。

第五章　未来短视频发展趋势与展望

第一节　技术发展趋势

短视频技术受到了数字时代媒体生态的深刻影响，一直在不断演进。最近几年，市面上出现了一些短视频技术发展的新趋势，如增强现实（AR）与虚拟现实（VR）整合等。

一、增强现实（AR）与虚拟现实（VR）整合

随着 AR 和 VR 技术的不断成熟，短视频平台将更加倾向于整合这些技术，为用户提供更丰富、沉浸式的体验。AR 可用于实时滤镜、特效增强，而 VR 则能提供更具沉浸感的观看体验，使用户更深度融入短视频内容中。

AR 技术在短视频领域的应用将进一步丰富用户的创作和观看体验。实时滤镜、虚拟道具和特效的应用能够使用户在创作短视频时更加富有创意，为内容增添更多趣味性。同时，用户通过 AR 技术可以参与到互动体验中，与短视频内容进行更直接的互动，提高

用户的参与感和娱乐性。AR 技术的实时滤镜为用户创造了更加生动活泼的拍摄环境。用户可以在拍摄短视频的同时通过 AR 滤镜赋予自己不同的妆容、造型，或者在实景中加入虚拟元素，丰富了创作的可能性。这种个性化和实时性的体验有助于提高用户的参与度，同时也使短视频内容更富有创意和趣味。AR 技术还可以在内容推荐和个性化推送方面发挥作用。通过分析用户的观看习惯、喜好和互动行为，短视频平台可以利用 AR 技术为用户提供更个性化、符合其口味的内容推荐。这种定制化的推荐模式将使用户更容易发现并喜欢上新的短视频内容。

VR 技术将进一步提升短视频的观看体验，使用户能够更深度地沉浸在内容中。通过戴上 VR 头显，用户可以感受到更加逼真的虚拟环境，与视频中的场景和角色产生更为紧密的联结。这种沉浸感使得用户能够更好地体验短视频所传达的情感和故事，提高了内容的吸引力和情感共鸣。VR 技术的应用还有助于扩展短视频内容的创作领域。例如，通过 360 度全景视频，用户可以 360 度环视视频中的场景，增强了空间感和身临其境的感觉。这种技术的整合将促使创作者更加注重创作的视觉和空间表达，推动短视频内容的创新和多元化发展。

二、人工智能（AI）与内容创作

AI 技术在短视频领域的广泛应用将对内容创作、推荐体验等方面产生深远影响。智能剪辑、语音识别、自动化编辑等技术的引入，不仅提高了内容制作效率，使创作者更专注于创意，还为用户提供了更个性化的观看体验。

智能剪辑和自动化编辑技术有助于提高内容制作效率。通过深度学习算法，AI 可以识别视频中的关键元素，自动进行剪辑和编辑，减少创作者在技术细节上的投入。这使得创作者能够更迅速、高效地产出优质短视频内容，从而更好地满足用户对多样化内容的需求。

语音识别技术使得文字和语音能够更直观地转化为图像和视频。创作者可以通过语音指令或文字输入来进行编辑和创作，而无需烦琐的手工操作。这样的技术应用使得创作更加便捷，降低了技术门槛，吸引了更多的创作者参与短视频内容的创作。

AI 在个性化推荐方面的应用也是短视频平台的一大亮点。通过分析用户的历史行为、观看习惯、点赞和评论等数据，AI 能够精准地了解用户的兴趣和喜好。基于这些数据，平台可以向用户推荐更符合其口味的短视频内容，提高用户的观看满意度。这种个性化推荐不仅为用户提供了更好的观看体验，也有助于创作者的内容更精准地触达目标受众。

AI 技术的广泛应用还能够促进短视频内容的创新。例如，图像识别技术可以帮助创作者更好地理解用户在视频中的喜好和关注点，从而优化内容的创作方向。这种智能化的创作过程将激发更多创作者挖掘独特创意，推动短视频领域的多样化发展。

AI 在短视频领域的应用也面临一些挑战，包括算法的公平性和透明性、用户隐私的保护等问题。平台和创作者需要共同努力，确保 AI 技术的使用符合法律法规和伦理标准，保护用户的权益和隐私。

三、实时互动和社交功能的强化

短视频平台在未来将更注重实时互动和社交功能的开发，致力于提供更丰富的社交体验。这一趋势将通过实时互动功能如直播、评论互动等得以体现，这不仅提高了用户的黏性，也使用户更深度地融入内容创作与观看的社交体验中。

直播功能作为实时互动的重要形式，将在短视频平台上得到更全面的发展。通过直播，创作者能够与用户实时互动，回答问题、分享心情，使用户更贴近偶像或关注的内容创作者。这种互动不仅提高了用户对内容的参与度，也拉近了创作者与用户之间的距离，构建了更加亲密的社交关系。

评论互动将成为用户在观看短视频时的主要社交行为之一。平台将通过优化评论系统，提供更多样化的表达方式，例如表情符号、语音评论等，使用户能够更灵活地与他人互动。评论不仅是用户对内容的即时反馈，也是社交互动的一种重要方式，促进了用户之间的交流和共鸣。实时互动还有助于促进用户间的社交联结。通过观看和参与同一场直播、评论相同的内容，用户之间能够形成共同兴趣点，建立更加紧密的社交关系。这样的互动不仅发生在创作者和用户之间，也在用户群体内部形成了更加有趣和具有社交意义的社区。

实时互动功能的发展还将推动内容创作者更加重视与粉丝的互动。创作者可以通过直播时回答粉丝提问、开展互动游戏等方式，拉近与粉丝的关系，建立更加牢固的粉丝基础。这种双向的互动关系不仅为创作者提供了更多的创作灵感，也使粉丝更有参与感，提高了整个社区的活跃度。

四、区块链技术保障内容安全与保护版权

随着内容版权问题在数字娱乐领域日益突出，短视频平台正逐

渐将目光投向区块链技术，以保障内容的安全性和解决版权问题。区块链的去中心化特性为构建更加健康的数字娱乐生态系统提供了独特的解决方案。

区块链技术使得内容的产权更加透明可控。通过将内容信息存储在区块链上，可以建立起不可篡改的分布式账本，记录每一笔内容交易和产权流转。这种透明轨迹有助于明确内容的真实所有者，防止盗版行为的发生，为创作者的版权保护提供更强有力的法律依据，维护其合法权益。

去中心化的特性使得区块链技术能够减少中间环节，直接将内容的所有权和使用权传递给相关方。在传统模式下，内容经过多个中介和平台的转发，容易导致版权纠纷和不必要的权益争端。而区块链的去中心化特性使得内容创作者和权益相关方能够更直接、更高效地进行权益交换和合作。

区块链技术还能够提供智能合约的支持，使得版权合约的执行更加自动化和可靠。智能合约是一种自动执行合约条件的计算机程序，当特定条件满足时，将自动执行相关操作。在短视频平台上，智能合约可以被用于确保创作者在内容被使用时获得合理的报酬，从而进一步强化版权的保护。区块链技术的应用还能够为用户提供可信赖的溯源信息。用户可以通过区块链查询到内容的产权和流通历史，确保所观看的内容是合法且被授权的。这种透明度有助于用户更加自信地参与数字娱乐生态，推动整个行业的可持续发展。

区块链技术在数字娱乐领域的应用仍面临一些挑战，包括性能、扩展性和法律法规等方面的问题。平台和相关方需要共同努力，解决这些问题，确保区块链技术在维护内容版权和促进数字娱乐生态可持续发展中发挥更大的作用。

五、5G 技术的广泛应用

随着 5G 技术的逐步商用，短视频平台迎来了更广阔的发展前景。高速低延迟的 5G 网络将深刻改变用户的视频观看体验，提供更高质量、更流畅的视频播放。

5G 网络的高速性将显著提升视频加载速度。用户可以更迅速地加载和播放高清、超高清的视频内容，避免因网络速度慢而产生缓冲等问题，享受更加顺畅的观看体验。这将大大提高用户对短视频的满意度，推动平台用户基数的增长。低延迟的特性将使得实时互动功能更为流畅。在短视频平台上，用户可以更方便地进行直播、评论互动等实时交流，实现更高质量的用户参与和社交体验。这种即时性的互动将促使创作者更加关注用户的反馈，提高用户黏性和平台活跃度。

5G 技术还将推动短视频内容的更多创新。高速网络为更高质量的视频内容创作提供了条件，包括更清晰的画面、更复杂的特效等。同时，5G 的低延迟特性有助于支持更多新颖的创意，例如虚拟现实（VR）和增强现实（AR）等技术的应用，进一步丰富了短视频的表现形式。高速低延迟的 5G 网络有助于推动 360 度全景视频的更广泛应用。用户可以更轻松地欣赏 360 度全景视频，获得更为沉浸式的观看体验。这种新颖的内容形式将激发创作者创作更具交互性和沉浸感的短视频，吸引更多用户参与。

5G 技术的商用也带来了一些挑战，包括网络基础设施的建设、安全性等方面的问题。平台和相关方需要共同努力，解决这些挑战，确保 5G 技术在短视频领域的应用能够顺利推进。

六、用户生成内容的进一步崛起

用户生成内容将继续是短视频领域的主要推动力量。短视频平台将进一步支持用户生成内容，通过创作者与用户之间的互动，激发更多创作者的创意和参与，同时增加平台上丰富多彩的内容。

用户生成内容在短视频平台上具有较高的活跃度。通过支持用户上传、创作和分享个人短视频，平台能够吸引更多用户参与到内容创作中来。这种庞大的用户生成内容社区为平台提供了源源不断的新鲜内容，丰富了用户的观看体验，同时也为创作者提供了更多展示自己才华的机会。用户生成内容有助于建立更为紧密的社区。创作者与用户之间的互动促使了更紧密的社交联系，创作者能够更好地了解用户的需求和反馈，从而更有针对性地创作内容。用户在用户生成内容过程中也更容易形成粉丝群体，形成更强烈的社交认同感。用户生成内容的支持还能够推动创作者的创新。短视频平台提供了各种创作工具和特效，使用户能够通过简单的操作创作出富有创意的短视频。这种低门槛的创作环境激发了更多人参与创作，促使创作者不断尝试新的创意和表现形式，推动了整个平台内容的创新发展。

短视频平台的用户生成内容也有助于发现新的创作者和潜在的明星。通过用户上传的内容，平台可以及时发现并推荐优秀的创作者，使他们迅速走红。这种发掘和推荐机制有助于平台形成更为多元化和丰富的创作者群体，推动了短视频平台生态的不断发展。

尽管用户生成内容在短视频领域发挥着重要作用，但同时也面临着一些挑战，如内容质量不一、版权问题等。平台需要采取相应的措施，包括优化内容审核机制、加强版权保护等，确保用户生成内容的健康发展。

七、多样化的创作工具

短视频平台将提供更多多样化、易用的创作工具，以满足不同创作者的需求。这包括更先进的视频剪辑工具、特效和滤镜，以及更简便直观的创作界面，旨在让更多的用户能够参与到短视频内容的创作中。

更先进的视频剪辑工具将成为短视频平台的发展趋势。这些工具将提供更多强大的编辑功能，包括时间轴编辑、分段剪辑、过渡效果等，使创作者能够更灵活地表达自己的创意。这种专业级的剪辑工具有助于提高短视频内容的质量和创作者的创作水平。更丰富的特效和滤镜将成为创作者创作的亮点。短视频平台将不断扩展特效和滤镜库，提供更多独特、创新的效果供创作者选择，使其能够轻松为视频添加各种视觉上的艺术元素。这不仅增加了视频的观赏性，也为创作者提供了更多创作的可能性。更简便直观的创作界面将成为提高创作效率的关键。平台将不断优化界面设计，简化操作流程，使用户能够更轻松地上手，无论是初学者还是有经验的创作者。这种友好的界面设计有助于降低创作门槛，吸引更多用户参与到短视频创作中来。短视频平台还可能推出更多创意工具，如交互式元素、虚拟现实（VR）和增强现实（AR）等技术的应用，为创作者提供更多丰富多彩的创作可能性。这种创意工具的引入将为短视频创作带来更多创新和趣味性。然而，提供更多创作工具也需要平衡用户体验和内容质量。平台需要确保这些工具的易用性，同时加强对创作内容的审核和管理，以保持平台上内容的高质量和安全性。

八、多平台整合与生态构建

短视频平台将越来越倾向于与其他社交媒体平台整合，形成更为完整的数字娱乐生态。这种整合不仅促进了内容的跨平台传播，也为用户提供了更为综合的娱乐体验。

短视频平台与其他社交媒体平台的整合将推动内容更广泛传播。通过与诸如微博、抖音、微信等社交媒体平台的合作，短视频内容能够更快速地在不同平台上传播，扩大受众群体。这种跨平台传播效应有助于提高短视频内容的曝光度，增加创作者和平台的知名度。

整合社交媒体平台将为用户提供更为综合的娱乐体验。用户可以通过短视频平台轻松分享自己喜欢的视频内容至其他社交媒体，与朋友互动，形成更加活跃的社交圈。这种整合使得用户能够在不同平台上享受更多元化、个性化的内容，从而提升其整体的数字娱乐体验。

整合还有助于创作者建立更强大的个人品牌。通过在短视频平台上积累粉丝和内容，创作者可以通过整合到其他社交媒体平台，拓展个人影响力，与更多粉丝互动，推动自身的知名度和社交影响力的提升。这种全方位的整合有助于打破平台的局限性，使创作者能够更全面地展现自己的才华和个性。

短视频平台整合社交媒体平台也需要面对一些挑战，包括平台间数据的共享、用户隐私保护等问题。平台需要加强协作，制定更严密的数据隐私保护措施，确保用户信息的安全性和合法使用。

九、可持续发展与社会责任

随着数字娱乐产业的不断发展，平台将更加关注可持续发展和社会责任。这可能包括内容的审查机制、对用户隐私的保护、对信息真实性的审核等方面，以维护平台的良好形象并满足社会的合规期望。

内容审查机制将成为平台可持续发展的核心条件之一。随着娱乐内容的不断涌现，平台需要确保其内容符合法律法规，不包含违法、低俗、暴力等有害信息。建立健全的审查机制不仅有助于净化平台内容环境，也能提升用户的使用体验，使数字娱乐产业在法律法规框架内健康发展。对用户隐私的保护将成为平台社会责任的一项重要内容。随着数字娱乐的不断升级，平台涉及用户个人信息的收集、存储和使用越来越多。因此，平台需要加强隐私保护机制，明确规范用户数据的使用范围，并确保用户信息的安全性，以维护用户的权益和信任。对信息真实性的审核也将成为平台社会责任的重要组成部分。在信息泛滥的数字时代，平台需要加强对内容的真实性和可信度的审核，防止虚假信息的传播。这有助于提升平台的公信力，保护用户免受不实信息的影响。

这些社会责任的履行不仅关乎平台的可持续发展，也涉及数字娱乐产业与社会之间的关系。平台需要建立有效的监管机制，与相关部门合作，共同推动数字娱乐产业的良性发展，使其更好地服务社会，创造积极的社会价值。然而，平台在履行社会责任时也需面对挑战，如平衡言论自由与内容审查的关系、应对新兴技术带来的隐私保护问题等。因此，平台需要在技术、法规等多个方面综合施策，找到平衡点，以更全面、负责任的方式参与数字娱乐产业的发展。

第二节　内容创新方向

新媒体时代，短视频成为数字内容创作的热门形式，其独特的表达方式和便捷的传播途径吸引了大量创作者和受众。在这个充满创意和竞争的环境中，短视频的内容创新成为不可忽视的要素。新媒体时代短视频内容可以在创意表达形式、交互性和参与度等方向进行创新。

一、创意表达形式

短视频在有限的时长内迅速传递信息，因此创作者需要通过创意的表达形式吸引用户。通过使用动画、特效、剪辑技巧等手段，创作者可以将独特的创意注入视频内容，打破传统表达方式的束缚，创造引人入胜的视觉效果。

动画是短视频中常用的创意手段之一。通过绘制生动有趣的角色或运用抽象形式的动画元素，创作者能够在短时间内吸引用户的注意力。动画可以让信息更生动、易懂，为用户提供轻松愉快的观看体验。特效的运用能够为短视频增色不少。创作者可以利用各种视觉特效，如光影效果、颜色调整等，提升视频的艺术感和观赏性。特效的巧妙运用可以打破平凡，为用户呈现出独特而令人印象深刻的画面。剪辑技巧是短视频创作中不可或缺的一环。通过合理的剪辑，创作者可以将故事情节、画面转换、镜头切换等元素有机地结合在一起，形成流畅而富有层次感的叙事。剪辑的巧妙运用有助于提高短视频的整体质感和吸引力。创作者还可以通过实验性的表达方式，如抽象艺术风格、非线性叙事等，挑战用户的认知和审美习惯，从而使短视频更具独创性和艺术性。然而，在追求创意表达的过程中，创作者也需注意保持信息传递的清晰度。创意应当与视频的主题和传达的信息相契合，确保用户在短时间内能够理解并产生共鸣。

二、交互性和参与度

在短视频创作中，充分利用平台提供的交互功能是提高用户参与度的重要手段。通过巧妙设计投票、互动游戏等元素，创作者能够使用户更直接地参与到视频内容中，让观看变得更有趣、参与感更强。

投票是一种常见的交互形式，通过在视频中设置投票选项，用户可以在观看过程中参与决策，与创作者互动。例如，在美食视频中询问用户喜欢的口味，或在旅行视频中让用户选择下一个探险目的地。这种方式既能提高用户的主动性，也增加了视频的趣味性。互动游戏的设计能够使用户更深度地融入视频内容中。创作者可以设置一些小游戏，用户通过评论、弹幕等形式参与其中，以获得答案、解锁隐藏内容或赢得奖励。这样的设计不仅提高了用户的参与度，还为视频创作增加了一层趣味性和互动性。通过引导用户留言、分享或@好友等形式，创作者可以在视频中与用户建立更紧密的社交联系。用户的评论和互动反馈可以成为创作者创作的灵感来源，也为视频内容的传播提供更多可能性。这种社交互动有助于构建更强大的粉丝群体，提高视频的传播效果。创作者还可以通过设计线上活动，如抽奖、打卡挑战等，鼓励用户积极参与，以提高视频的关注度。这种方式既能够吸引更多用户的注意，也促使他们更多地与视频内容互动。然而，在设计交互元素时，创作者需要注意保持平衡，不过度干扰视频内容本身。交互元素应融入视频中，使用户能够在互动中更好地理解和体验内容，而不是分散观看注意力。

三、社会话题和时事评论

在短视频创作中，关注社会热点和时事新闻，通过独特的视角和幽默风格进行评论和解读，成为吸引用户的有效策略。这样的短视频不仅能提升内容的分享和传播效果，还有助于建立创作者在特定领域的影响力。关注社会热点和时事新闻能够使短视频内容紧跟时代潮流，更容易引起用户的兴趣。创作者通过及时关注新闻事件，挑选与用户生活密切相关的话题，能够使视频更贴近用户的日常关切，引发共鸣。独特的视角和幽默风格是吸引用户的关键。创作者通过对社会热点进行深入思考，寻找不同于主流观点的独特视角，以幽默、风趣的方式进行评论和解读。这样的创作风格不仅增添了视频的趣味性，也能使用户更容易接受创作者的观点。通过对热点问题进行解读，创作者能够深度挖掘事件背后的内涵，为用户呈现更多层次的信息。这种深度思考有助于提升视频的品质，使用户在短时间内获得更多信息和观点。另外，建立创作者在特定领域的影响力也是关注社会热点的一个重要目标。通过对特定主题的深入研究和评论，创作者能够在该领域树立起专业形象，吸引更多关注和粉丝。这种专业影响力不仅有助于提升创作者的社会影响力，也为其个人品牌的建设奠定了基础。

四、用户生成内容（用户生成内容）的整合

通过鼓励用户参与创作，将用户生成的内容巧妙地融入官方短视频中，是一种能够提高用户参与感、创造更丰富多元内容的有效策略。这样的整合不仅促进了用户与平台之间的互动，也使平台内容更加多样化，满足不同用户的喜好。

鼓励用户参与创作可以建立更加紧密的社区联系。平台通过发起创作挑战、征集用户创意等方式，激发用户创作的兴趣和热情。用户参与创作的过程中，他们与平台之间的互动不再局限于观看，而是通过创作成为内容的创作者，使用户更加深度地融入平台社区。将用户生成的内容巧妙地融入官方短视频中，不仅为用户提供了展示自己创意的机会，也为官方内容注入了新鲜感和创新性。这种整合使平台能够汇聚来自不同用户的独特视角和创意，丰富了官方内容的多样性，更好地迎合了用户的多元化需求。另外，整合用户生成的内容可以为创作者提供更多的创作灵感。通过挖掘用户创意，平台官方团队可以发现一些独特、受欢迎的元素并将其巧妙地融入官方短视频中。这样的创作灵感交流不仅促进了平台内部的创新，也为用户提供了与平台创作者合作的机会，进一步提高用户参与度。

然而，在整合用户生成的内容时，平台需要确保内容的质量和合规性，设立明确的创作规范，进行内容审核，以保证整合的用户生成内容符合平台的价值观和社区标准，同时提供一个安全、积极的创作环境。

五、音乐与节奏的结合

音乐在短视频中扮演着重要的角色，创作者可以巧妙运用音乐与视频节奏相结合，营造出更有节奏感、吸引人的作品。此外，挖掘新的音乐元素，打破传统音乐表达的框架，也是创作者在短视频领域创新的重要方向。

音乐是短视频中情感表达的重要工具。通过精心选择的音乐，创作者能够更好地传达视频中的情感、氛围。音乐的节奏、旋律和情感元素可以与视频内容相互呼应，增强用户的感受。例如，在激动人心的场景中选择高潮迭起的音乐，或在温馨的时刻使用柔和悠扬的旋律，都能够有效地加强用户对视频的情感共鸣。音乐与视频的节奏相结合，可以创造更具吸引力的作品。通过合理安排视频剪辑和音乐节奏，创作者能够打破单调，使作品更加生动活泼。音乐的起伏、高潮和间歇性的静谧都能够影响用户的观感，使整体作品更具动感和节奏感。

挖掘新的音乐元素有助于打破传统音乐表达的框架，为短视频创作注入新的创意和元素。创作者可以尝试结合不同音乐风格，探索音乐与视频之间的更多可能性。例如，将传统音乐元素与电子音乐相结合，或者通过音效的运用创造出独特的音乐氛围，都能够为视频带来新颖感。

与音乐创作者的合作也是一种创新的途径。通过与音乐人、制作人的合作，创作者可以获得独一无二的音乐作品，为视频注入新的灵感和创意。这样的合作不仅有助于音乐人在短视频平台上展现自己的才华，也为创作者提供了更多音乐选择的可能性。

六、虚拟博物馆和艺术展示

借助虚拟技术，创作者可以打造虚拟博物馆或艺术展示，通过短视频形式展示艺术品、历史文物等，为用户提供一场数字化的文化体验。这种创新形式不仅扩展了文化传播的途径，也为用户提供了更自由灵活的文化参与方式。

虚拟博物馆或艺术展示为用户提供了更开放的参观方式。通过虚拟技术，创作者能够打破地理限制，使观众无须实际前往博物馆或画廊，便能够欣赏到丰富多彩的艺术品和历史文物。这种数字化的参观方式让更多人能够轻松接触到文化精品，拓宽了文化传播的受众范围。

通过短视频形式展示文化内容，使文化体验更加生动丰富。创作者可以通过虚拟技术将艺术品呈现得更具立体感，增强用户的视觉和感知体验。短视频的语言表达形式也能够带动用户的情感共鸣，使文化传播更加贴近人心。

虚拟博物馆或艺术展示为文化机构提供了新的展示和推广方式。博物馆、画廊等机构可以通过创作者的虚拟展示，拓展用户群体，提高文化品牌的知名度。这种数字化的推广方式为文化机构创造了更广泛的传播平台，与传统的展览方式相辅相成。

虚拟博物馆的创作也为保护文化遗产提供了一种新的方式。通过数字化记录和展示，可以在一定程度上减轻文物的实际物理损害，同时使得文物得以更广泛地传播。这种数字化的保存方式有助于将文化遗产传承给后代。

七、娱乐与教育的融合

将娱乐元素与教育主题相结合，打造既有趣又具有知识性的内容，是一种富有创意的创新方向。这种创作方式不仅吸引更多受众，也在娱乐中传递有价值的信息，实现了娱乐与教育的有机融合。

娱乐元素和教育主题相结合可以提高受众的参与度。通过融入趣味性和幽默感强的元素，创作者能够吸引更多用户，使他们更愿意投入教育内容的学习中。这种有趣的形式使教育内容不再枯燥乏味，而是充满活力，更容易引起用户的兴趣和好奇心。娱乐与教育的结合有助于提升知识传播的效果。通过巧妙运用娱乐元素，创作者能够将抽象的、复杂的知识转化为生动、形象的场景，使用户更容易理解和记忆。这种生动的表达方式增加了信息的易消化性，使学习更加轻松愉快。结合娱乐和教育有助于创造更具有社交分享性的内容。有趣、有知识的视频内容更容易在社交媒体上引起分享和传播，形成良性的信息传播循环。用户在分享内容的同时，也在向他人传递有价值的知识，形成社群效应。这种创新方向可以打破传统教育的单一形式，创造更多元化的学习途径。娱乐元素的引入让学习过程更具趣味性，同时也能够满足不同用户的学习习惯和需求。这样的多元化教育形式有助于吸引更广泛的学习群体。

在新媒体时代，短视频内容创新是一个不断迭代的过程。创作者需要保持敏锐的洞察力，随时关注用户的喜好和趋势。不断尝试新的表达方式和创意元素是关键，通过分析热门话题和用户反馈，创作者能够更好地了解用户的兴趣和需求，从而创造更具吸引力的内容。这种持续的创新努力不仅能够满足用户多样化的需求，还推动着短视频领域的不断发展。

第三节　传播模式的演变

　　未来短视频传播模式的演变将受到技术、社会和用户需求等多方面因素的共同影响。短视频可能在垂直领域深耕等方面呈现明显的发展趋势。

一、垂直领域深耕

　　未来短视频平台的发展将呈现更为垂直化和个性化的特点。这一变革主要受到技术进步、用户需求不断升级以及市场竞争加剧等多方面因素的影响。

　　短视频平台可能更专注于深耕特定垂直领域，以满足用户更具体的需求。随着用户对内容个性化的追求日益增强，短视频平台需要更好地满足不同用户群体的差异化需求。通过将焦点聚集在特定领域，平台可以提供更为专业和深度的内容，满足用户对于精准信息和深度知识的渴望。这一趋势将推动内容更加专业化，引领短视频内容生产朝着更高水平方向发展。平台可能会与专业领域的机构、专家进行合作，引入更多专业的知识和技能，提升短视频内容的质量。例如，在教育领域，短视频平台可以与学术机构合作，提供更为深入、系统的学科知识。这种专业化的发展方向也将吸引更为精准的用户群体。用户可以更容易找到符合自身兴趣和需求的内容，从而提高用户满意度和留存率。而对于广告主来说，更精准的用户群体意味着更有效的广告投放，广告效果提升。

　　深耕垂直领域将促使创作者更专业化。为了生存和脱颖而出，创作者可能会更加注重自身在特定领域的专业性。这将推动创作者提升自身的专业水平，拓展在特定领域的影响力。这种深耕的趋势还将带动创新。专注于特定领域的平台和创作者将更有可能在内容和创意上进行探索，为用户呈现更多新颖、有深度的作品。这将为整个短视频生态注入更多创新力量，推动行业不断向前发展。

然而，垂直领域深耕也面临一些挑战。首先，平台需要更多的资源投入来支持特定领域的深耕，包括人才、资金和技术。其次，如何平衡深耕和用户多样性的需求也是一个需要解决的问题。平台需要在深耕特定领域的同时，保持内容的足够多样，以吸引更广泛的用户群体。

二、交互性和参与度提升

未来，短视频平台将致力于拉近创作者与用户之间的关系，注重提升用户参与度和互动性。这一变革旨在创造联结更加紧密、更加有趣的社区，促使用户更积极参与和分享内容，从而形成更为活跃和具有凝聚力的用户群体。

一方面，平台将通过投票机制激发用户参与的热情。在短视频内容中嵌入投票互动元素，用户可以对视频进行实时投票，表达自己的意见和偏好。这种直观的互动方式不仅能够吸引用户的目光，还使用户感到他们对内容的看法得到了关注，提升了参与感。另一方面，评论互动将成为用户表达观点和建立交流的主要方式。平台可能推出更为灵活、丰富的评论系统，包括文字、表情、语音评论等多样化的形式，以更好地满足用户对于表达的多元需求。创作者也将更积极地回复和互动，构建起更为亲密的社区氛围。互动游戏也将成为拉近创作者与用户关系的有效手段。在短视频中嵌入小型互动游戏，用户可以参与其中，完成任务或挑战，从而获得奖励或提升互动等级。这种互动性的设计将创造更为有趣的用户体验，吸引用户更长时间地停留在平台上。

平台还可以推出一系列社交功能，如关注、点赞、私信等，以促进用户之间的交流和联结。这将使用户更加了解创作者的生活和创作过程，建立更为深入的联结，形成更为牢固的社区网络。为了推动用户更积极地分享内容，平台可以提供更多分享奖励机制。通过分享到其他社交媒体平台、邀请朋友注册等方式，用户可以获得积分、礼物或其他奖励，激发分享的欲望。这有助于内容更广泛地传播，同时提升平台的用户增长。平台可以推动更多的线下活动，如粉丝见面会等，将虚拟社区的联系延伸到现实生活中。这种亲密的线下互动可以加强创作者与用户之间的联系，使社区更具凝聚力。

然而，为了保证互动性的有效性，平台需要保障用户信息的隐私安全并加强内容的监管，避免出现不良互动。此外，平台还需提供友好、直观的互动界面，以确保用户能够方便地参与其中。

三、个性化推荐算法的进一步优化

未来，个性化推荐算法将成为短视频平台的重点发展内容，通过智能化和精准化的推荐，满足用户多样化的需求，提高用户黏性和平台的竞争力。这一趋势得益于深度学习和人工智能技术的不断创新，使得推荐算法更加智能、个性化。

随着深度学习技术的进步，个性化推荐算法将更加智能。传统的推荐算法往往依赖于基础的协同过滤或基于内容的过滤方法，而深度学习技术可以通过对海量数据的学习，挖掘更为复杂、抽象的用户兴趣模式。这使得算法能够更准确地理解用户的偏好，为其推荐更加符合个性的短视频内容。个性化推荐将更注重用户行为、兴趣和地理位置等多方面信息的综合考量。通过对用户历史行为的分析，系统可以了解用户的浏览记录、点赞习惯等，从而精准把握用户兴趣。同时，结合地理位置信息，算法可以为用户推荐更符合当地特色和热点的内容，提高推荐的针对性。深度学习和人工智能技术的应用也将使得推荐算法更加适应用户的实时变化。通过对用户行为的实时监测和学习，算法可以及时调整推荐策略，保持对用户兴趣的准确把握。这将为用户提供更具时效性和个性化的短视频推荐体验。

个性化推荐算法将更注重用户的多样性需求。不同用户有不同的兴趣、喜好，个性化推荐的目标是让每个用户都能找到适合自己口味的内容。通过对用户群体的细分，算法可以更好地满足不同用户的多元化需求，提高用户整体满意度。个性化推荐算法的智能化还将推动创作者更加注重内容的质量和创意。因为智能算法更容易识别高质量、受欢迎的内容，创作者为了在推荐榜单上更为突出，可能更努力提升内容的品质，进而推动整个平台内容的提升。然而，个性化推荐算法的发展也面临一些潜在的问题和挑战。首先是用户隐私的保护，如何在提供个性化推荐的同时保障用户隐私成为一个需要平衡的问题。其次是算法的透明度和公正性，用户希望知道推荐的依据，并避免因算法偏见而导致信息获取的狭隘化。

四、多媒体融合

未来，短视频平台将更注重多媒体元素的融合，致力于将音频、视频、文字等元素有机结合，以创造更有层次感和创意的内

容。这一趋势将极大地丰富短视频的表现形式，提升用户体验，推动内容创作者在创作中发挥更多的创意和想象力

音频的融合将成为未来短视频的一大亮点。除了传统的配乐和音效外，音频可能更加与内容的情感和节奏相契合。创作者可以巧妙运用音频元素，比如音乐、配音、声音效果等，来提升视频的情感表达力。通过对音频的巧妙运用，短视频将更具有情感共鸣，可以让用户在观看过程中获得更加深刻地情感体验。视频内容将更注重对视觉元素的创意运用。未来的短视频可能会在拍摄和后期处理中更加注重画面的美感和表现力。通过高级的摄影技术、视觉效果处理等手段，短视频可以呈现更为精致、引人入胜的画面，吸引用户更加关注内容。文字元素的应用也将更具创意。通过巧妙地融入文字，短视频可以传递更加精准的信息，引导用户更深入地理解内容。文字的排版、字体的选择等方面的创意运用，可以使得文字在画面中更具艺术性，提升整体观感。

多媒体元素的融合将推动短视频的内容形式多样化。例如，虚拟现实（VR）和增强现实（AR）技术的整合，将为用户提供更为沉浸式的观看体验。这种技术的运用，将开启更多创作可能性，推动短视频创作向更为立体、交互式的方向发展。同时，用户可能会更加参与到内容的创作中。短视频平台可能推出更为智能的创作工具，让用户能够轻松地将各种多媒体元素有机地融合在一起，创造出更富有个性和创意的作品。这将激发更多创作者的兴趣，推动短视频社区形成更为丰富的内容生态。

然而，多媒体元素的融合也面临一些挑战，如技术的复杂性、内容的版权问题等。平台需要在技术研发上持续投入，保障多媒体元素的高质量应用，同时要加强对内容的监管，保护创作者的合法权益。

五、内容创作者的多元化

未来，我们有望见证更多具备专业素养的内容创作者崛起。这些创作者将为用户提供更高质量、更有深度的短视频内容，满足他们对知识和技能的渴求。

随着数字技术的不断发展，越来越多的专业领域的专家将有机会在短视频平台上分享他们的知识。这样的专业素养将为用户提供更权威、深入的见解，使他们能够更全面地理解特定主题。例如，科学家、工程师、医生等专业人士可以通过短视频分享最新的研究成果和行业趋势，为用户提供前沿的信息。随着教育的数字化进程，学术界的专家也将更积极地利用短视频平台传播知识。这不仅能够使专业领域的学术知识更加普及，还能够使学科内容更富有趣味性。这种形式的知识传递不仅让用户更容易理解复杂的概念，还可以激发他们对学习的兴趣。未来的内容创作者可能更注重提供实用技能和经验分享。从各行各业的专业人士到技能娴熟的工匠，他们可以通过短视频向用户展示实际操作、解决问题的方法，帮助用户更好地掌握实用技能。这种形式的内容既有助于提高用户的实际能力，也符合现代社会对实用性的需求。专业素养的内容创作者将可能更注重深度而非肤浅。他们可能会选择时长更长的视频，以更全面、详细地探讨特定主题，而不仅仅是涉及表面。这样的深度内容能够满足那些追求更丰富、更有深度知识的用户，为他们提供更高水平的知识经验。

未来具备专业素养的内容创作者将以更多样化、深度化的方式满足用户对知识、技能的需求。这种趋势将推动短视频平台从娱乐导向向教育和知识分享方向更为均衡地发展。

六、社交与电商的融合

短视频平台在未来可能会更深度融合社交和电商元素，通过直播、购物功能为用户提供在观看视频的同时进行社交互动和在线购物的机会，进一步促进商家与用户之间的交流与合作。

直播功能的加入将为短视频平台增添更多社交元素。内容创作者可以通过实时直播与用户进行互动，回答问题、分享幕后花絮，拉近与用户的距离。同时，这也为商家提供了一个与潜在客户直接互动的平台，提升商品或服务的曝光度。用户不再是被动地接受信息，而是可以与创作者和商家建立更紧密的联系，形成更强的社交纽带。购物功能的引入为用户创造了更为便捷的购物体验。在观看视频的同时，用户可以直接在平台上浏览并购买展示的产品。这不仅提高了用户的购物效率，也为商家提供了直接销售的机会。通过购物功能，商家可以实时了解用户对产品的反馈，根据用户需求调整商品推荐，实现更精准的销售和服务。

社交互动和在线购物的结合还能够促进用户间的交流和分享。用户可以通过评论、点赞等社交功能表达对视频和商品的喜好，形成社区氛围。这不仅提高了用户黏性，也为商家提供了宝贵的用户反馈，帮助他们更好地了解市场需求，优化产品和服务。在商家与用户之间建立更紧密的联系的同时，短视频平台也将成为品牌推广和营销的重要渠道。通过直播和购物功能，商家可以通过生动的方式展示产品特色，直接回答用户疑虑，提升品牌形象。这种形式的推广更具有说服力，有望吸引更多用户参与到社交互动和购物的过程中。

七、创作者生态系统的构建

为了更好地激发创作者的创作激情，短视频平台有望建立更健全的创作者生态系统，通过提供更丰富的创作工具和更多的支持政策，吸引更多有创意的人才。

平台可以通过不断创新和改进创作工具，提供更多元化的创作可能性。这包括但不限于视频编辑工具、特效、音效等，使创作者能够更轻松地表达自己的创意。更智能、便捷的工具有助于降低创作门槛，吸引更多对创意充满激情的个体参与，从而丰富平台上的内容。建立更完善的支持政策，包括对优秀创作者的奖励、培训计划等。通过提供经济和资源方面的支持，平台可以激励创作者更多地投入时间和精力进行创作。奖励机制可以包括广告收益分享、奖金、品牌合作等方式，鼓励创作者不断提升自己的创作水平。建立创作者社区，促进创作者之间的交流合作。通过分享经验、互相启发，创作者可以共同成长。平台可以举办线下和线上的创作者活动，使双方之间、创作者与创作者之间建立更紧密的联系。这有助于打破创作者之间的孤立感，让他们更有归属感，从而更有动力创作更具创意的内容。

提供专业的培训和指导服务也是激发创作者创作热情的有效手段。这可以包括视频制作技巧、内容策略、品牌合作等方面的培训，帮助创作者更好地了解行业趋势，提升专业素养。这不仅有助于创作者提高创作水平，也有助于提高平台上内容的整体质量。平台可以设立创作基金，用于支持有潜力的创作者的项目。这种基金可以用于制作成本、推广宣传等方面，帮助创作者更好地实现他们的创意想法。这种支持不仅有助于激发创作者的创作激情，也有助于培育更多有潜力的创意作品。

八、新兴技术的应用

未来，短视频平台会积极引入新兴技术，包括人工智能合成技术和区块链等，以提高内容的真实性、可信度和用户体验。

人工智能合成技术的应用将有望改变短视频的创作和呈现方式。通过使用人工智能技术，创作者可以更轻松地合成高质量的特效、虚拟场景，增强视频的创意性和吸引力。这种技术有助于打破创作的空间限制，使得内容更加生动、新颖，提升用户观看体验。区块链技术的引入有望提高内容的真实性和可信度。区块链的去中心化特性使得内容的生成和传播过程更加透明和可追溯。例如，区块链可以用于确保视频的来源、创作者的身份真实可信，防止虚假信息和侵权问题。这有助于建立更加可靠的内容生态，增加用户对平台的信任感。区块链技术还可以应用于内容的版权保护和奖励机制。通过将内容信息记录在区块链上，确保创作者的版权得到有效保护，同时通过智能合约等技术实现内容的分发和收益的公平分配。这将为创作者提供更多激励，吸引更多优质内容的产生。增强现实（AR）和虚拟现实（VR）等技术的整合将为用户提供更沉浸式的体验。通过将 AR 和 VR 技术应用于短视频内容中，用户可以与内容互动，获得更丰富、更具参与感的体验。这不仅有助于提高用户留存率，也为创作者提供更广阔的创作空间，推动内容的创新和发展。

语音和图像识别技术的进步将改变用户与平台互动的方式。语音识别技术可以使用户更便捷地搜索、浏览内容，而图像识别技术则可以帮助平台更精准地推荐符合用户兴趣的视频。这种个性化的推荐系统有助于提高用户满意度，使用户更容易找到感兴趣的内容。

九、全球化发展

短视频平台的全球化发展正变得愈加明显。通过跨国合作和内容输出，用户能够更轻松地获取来自不同文化背景的优质短视频内容。

随着全球数字化的推进，短视频平台在国际市场方面取得了显著进展。通过建立跨国合作伙伴关系，这些平台能够借助各地的资源，为用户提供更为多样和丰富的内容。例如，合作双方可以共享创意、技术和制作团队，从而打造更具吸引力的短视频内容。内容输出是实现全球化的另一重要方面。通过在不同国家和地区生产内容，短视频平台可以更好地迎合当地用户的口味和文化特点。这种本土化的内容策略有助于提升用户体验，使用户更容易产生共鸣并享受平台提供的服务。全球化发展也推动了跨文化交流。用户通过浏览短视频能够更深入地了解其他国家和地区的生活、文化和价值观，这促使人们超越地域界限，拥抱多元化。这有助于打破文化隔阂，促进全球文化的交融和共享。

然而，全球化的不断推进，也伴随着一些挑战。其中之一是文化差异可能导致的理解障碍。为了应对这一问题，短视频平台需要采取措施，如加强翻译服务、提供多语种字幕等，以确保内容能够被更广泛的用户理解和欣赏。法律和道德标准的差异也是需要注意的问题。在全球范围内运营的短视频平台需要综合考虑各国的法律法规和道德观念，以避免触及不同国家的敏感点，确保平台的合规性和可持续发展。短视频平台的全球化发展为用户提供了更加多元和丰富的内容，促进了跨文化交流与理解。然而，随之而来的挑战也需要平台制定有效的策略来应对，以确保其在全球范围内的成功和可持续发展。

未来短视频传播模式的演变将在技术创新、用户需求和社会文化变革的推动下呈现多元、个性化和互动性的特点。这将为用户提供更为丰富、有趣和有价值的短视频体验，同时也为创作者提供更广阔的创作空间。随着科技的不断发展和社会的进步，短视频将继续成为人们获取信息、分享生活、表达创意的重要手段。

第六章　短视频传播中的问题与挑战

第一节　信息的真实性与可信度

新媒体时代下，短视频作为信息传播的主要形式之一，其信息的真实性与可信度成为备受关注的问题。

一、内容生产与编辑流程的透明度

提高短视频平台内容生产与编辑流程的透明度是维护信息真实性与可信度的关键一环。内容生成与编辑流程的透明度提高需要通过明晰制作过程，标明编辑、剪辑、特效手段等方式进行。

1. 明晰制作过程

短视频平台应当秉持透明原则，明确标明视频的制作过程。制作过程的透明不仅能够提高用户对内容的信任度，也能够促进行业的健康发展。从创意构思到实际拍摄再到后期编辑、剪辑和特效的加工过程，都应当在视频发布时清晰呈现。这不仅能够让用户更深入地了解视频的制作过程，还能够让其他创作者从中学习、借鉴，以此推动整个行业的进步。透明的制作过程也有助于防止虚假宣传或带有误导性内容的传播，以保护用户的权益和利益。因此，短视频平台应当倡导并推动视频制作过程的透明化，为用户提供更加真实、可信的内容。

2. 标明编辑、剪辑、特效手段

在当今的数字内容创作中，视频制作过程中的编辑、剪辑和特效手段扮演着至关重要的角色。为了增强内容的透明度和真实性，平台应要求创作者在视频中标明所使用的特效手段，这对于用户理解视频的技术加工程度至关重要。例如，当视频中运用了色彩校正、转场效果或者视觉特效时，创作者可以在视频介绍或者片尾字幕中说明使用了哪些具体的编辑、剪辑和特效工具。这种说明能够帮助用户更清晰地区分创作者的创意和后期处理，降低用户对内容真实性的判断难度，同时也让用户更深入地了解到视频制作的工艺与技术。

3. 强调创作者责任

平台应当强调创作者对于内容真实性的责任。制定明确的行为准则，规范创作者在制作过程中的行为，确保信息不被恶意篡改或虚构。这意味着创作者需要对其发布的内容负起责任，不得故意误导用户，或者传播虚假信息。平台可以通过建立举报机制和审核制度来监督内容的真实性，对违反行为准则的创作者进行惩罚，以维护平台上内容的可信度。通过强调创作者责任，平台可以建立起一个更加真实可信的内容生态。

4. 用户参与内容制作过程

推动用户参与视频制作过程，例如通过网络投票决定内容方向、提供创意建议等，这样的参与可以提高用户对内容的信任度。用户参与不仅可以增加内容的多样性和创意性，还能够让用户更加深入地理解内容的制作过程，增强他们对内容的认同感和信任感。平台可以通过举办创意征集活动、开展投票互动等形式，鼓励用户积极参与内容的创作和决策过程，从而促进用户与内容的互动，提高内容的质量和可信度。

5. 制作团队透明度

对于由专业制作团队制作的视频，平台应公开相关信息，包括团队成员、经验等。这有助于建立制作团队的公信力，提高用户对内容真实性的信任。团队信息透明可以让用户更加了解到内容背后的制作团队，增加他们对内容的信赖感。平台可以在视频介绍或者团队信息页面公开团队成员的资历和经验，让用户可以与制作团队进行有效沟通和互动，从而增强用户对内容的信任和认同。

6. 媒体合作与审核

与专业媒体建立合作关系，通过专业媒体的审核和监督来确保内容的真实性。这种合作可以为用户提供更可信的信息来源，提升整体内容质量。平台可以与知名的媒体机构建立合作关系，邀请他们对内容进行审核和监督，确保内容的准确性和可信度。媒体审核可以通过事实核实、专业评审等方式进行，从而增强内容的真实性和可信度，为用户提供更高质量的内容体验。通过与专业媒体的合作与审核，平台可以建立起一个更加可信的内容生态，提升用户对平台的信任度。

7. 举报机制与处罚措施

为了确保内容的真实性和可信度，平台应建立完善的举报机制。这一机制应该方便用户向平台举报虚假信息，包括误导性内容、不实报道等。用户举报的信息应受到认真对待，平台应采取及时有效的处罚措施。对于经过核实存在违规行为的创作者，平台应当根据严重程度采取不同程度的处罚，如警告、暂时封禁甚至永久封禁等。这样的举报机制和处罚措施可以有效地维护平台上内容的真实性和可信度，保护用户免受虚假信息的影响。

8. 引导用户理解制作流程

平台可以通过推出相关的教育活动、视频或文章等形式，帮助用户更好地理解视频制作的基本流程和可能的后期加工手段。这些教育内容可以包括视频制作的技术原理、常见的剪辑和特效手法等，让用户对视频制作过程有一个清晰的认识。通过引导用户理解制作流程，可以增加他们对内容真实性的辨别力和鉴别能力，提高他们对虚假信息的识别能力，从而更好地保护自己免受误导。

9. 倡导创作者道德规范

平台可以倡导创作者遵循道德规范，强调其对于用户的责任。这种规范意识的提高有助于创作者更加慎重地对待内容的制作，减少虚构和误导。平台可以通过制定明确的行为准则、举办培训活动等方式，引导创作者注重内容创作的真实性和可信度，提倡诚信创作，从而建立起一个更加健康和可信的内容生态。

10. 透明度报告

定期发布平台透明度报告，公布相关数据，如用户举报处理情况、创作者行为处罚情况等。这样的报告有助于用户了解平台在透明度方面的努力和成果，增强用户对平台的信任度。透明度报告可以展示平台对于虚假信息的态度和处理方式，让用户更加放心地使用平台服务。同时，透明度报告也可以促使平台持续改进和提升，为用户提供更加安全、可靠的内容环境。通过提高短视频平台内容制作过程的透明度，用户能够更全面地了解视频的创作幕后，形成更准确的判断，有效提升其对信息的真实性与可信度判断能力。这是平台维护用户信任、打造良性生态的重要步骤。

二、信息来源的可考证性

确保短视频内容的真实性与可信度至关重要，而信息的来源是维护这一原则的关键因素。因此，保证信息来源可考性是非常有必要的，笔者建议，可以从强调信息来源标注，鼓励提供链接或引用等方面来实现。

1. 强调信息来源标注

平台应当强调并要求创作者在视频中明确标注信息的来源。这种标注可以通过文字注释、标签或其他可视化方式实现，让用户能够迅速了解信息的来源。明确的信息来源标注有助于用户更好地评估内容的可信度和真实性，提高用户对内容的信任度。同时，这也促使创作者更加注重信息的来源，增强内容的可信度和专业性。

2. 鼓励提供链接或引用

平台应当鼓励创作者在视频描述或注释中提供相关信息的链接或引用。这种方式不仅方便用户进一步查证，还能够建立信息链条，使得信息的可信度加强。通过提供链接或引用，用户可以更深入地了解信息的来源和背景，增强对内容的理解和信任。

3. 审核机制保障信息来源真实性

建立审核机制，确保创作者提供的信息来源真实可信。审核团队可以对信息来源进行验证，尤其是对于一些专业性较强、关系到公共利益的内容，审核应更加严格。通过审核机制，平台可以有效地保障信息来源的真实性和可信度，为用户提供更加可靠的信息服务。

4. 提供原始素材查阅

对于特定类型的视频，如新闻报道或学术研究，平台可以要求创作者提供原始素材，以供审核机构或用户查阅。这样能够直接展示信息的原始来源，确保信息可信度。提供原始素材的查阅也有助于增强用户对内容的信任度，让用户更加放心地使用平台服务。

5. 奖励机制鼓励提供真实信息

平台可以设立奖励机制，奖励那些提供真实、可验证信息来源的创作者。这样的激励措施有助于营造一个注重信息真实性的创作环境，促使创作者更加努力地寻找和提供真实可信的信息来源，提升内容的质量和可信度。

6. 用户参与信息来源考证

鼓励用户参与对信息来源的考证。用户可以通过评论、举报等方式质疑，平台应及时处理并公示处理结果，形成社区共治模式。用户参与信息来源的考证不仅有助于发现潜在的问题和错误，还能够促进平台和创作者对内容审查和改进，增强整体内容的可信度。

7. 提供信息验证工具

平台可以提供信息验证的工具，帮助用户迅速了解信息的来源。这些工具可以是浏览器插件、移动应用等形式，辅助用户判断信息真伪。通过提供信息验证工具，平台可以帮助用户更加方便地获取信息来源，进行信息可信度评估，以提高用户对内容真实性的判断能力，从而增强用户对平台的信任度。

8. 建立专业媒体合作关系

与专业媒体建立合作关系，是提高信息权威性和可信度的关键举措。除了审查信息的真实性，这种合作还可以在许多方面进行拓展。首先，可以通过联合报道或深度合作项目，为用户提供更深入、更全面的信息。例如，针对重大事件或热点话题，可以与专业媒体共同策划，充分利用专业媒体的资源和采编能力，呈现更为客观、全面的信息。此外，建立合作关系还可以拓展到信息的传播和解读领域。专业媒体在信息传播方面拥有广泛的读者群体和影响力，可以通过合作推广平台上的优质内容，增加其曝光度和影响力。同时，专业媒体的专家分析和解读也能够帮助用户更好地理解信息背后的含义和影响，提升用户的信息素养和认知水平。

9. 公开来源数据，提高数据透明度

定期公开信息来源的统计数据，是增强平台透明度和社会监督的有效途径。除了定期公开创作者使用信息的来源类型和用户对不同来源的反馈外，可以进一步完善这一机制。例如，可以对不同信息来源的真实性和权威性进行评估和排名，向用户展示每个来源的可信度等级，帮助用户更加清晰地识别和筛选信息。此外，公开来源数据可以与其他指标相结合，形成多维度的评价体系。例如，可以将信息来源的透明度、真实性等指标与内容质量、用户反馈等指标相结合，综合评估信息的可信度，为用户提供更为全面、客观的参考依据。

10. 提高用户信息辨别能力

提高用户辨别信息来源的能力，是保障信息传播健康发展的重要举措。除了宣传教育，还可以通过多种方式拓展这一工作。例如，可以开展线上线下的信息素养培训课程，向用户传授识别虚假信息的方法和技巧，帮助他们建立正确的信息认知观念。此外，可以通过技术手段辅助用户辨别信息来源。例如，可以开发浏览器插件或移动应用，通过人工智能算法对网页内容进行实时评估，提供来源可信度和信息真实性的评分，帮助用户更加快速、准确地判断信息的可信度。

三、事实核实与新闻报道标准

建立事实核实团队是维护短视频平台内容真实性的重要步骤。设立专业核实团队是确保信息准确性和可信度的关键步骤。这

个团队不仅需要包括专业记者，还应该有事实核实人员，他们具备深厚的新闻报道和事实核实的专业知识。此外，为了应对不同领域的内容，团队成员可能需要有多样化的背景和专业技能，以确保对各种信息的全面核实。事实核实团队必须严格遵守新闻伦理标准，以确保核实过程的公正性和合法性。这包括但不限于对信息的多方来源进行核实、权衡各方观点、保护相关当事人的隐私等原则。团队成员需要时刻谨记自己的职业责任，确保核实过程中不偏不倚地对待每一条信息。为了确保核实过程的公正性和客观性，事实核实团队必须保持独立性，并且不受其他利益影响。同时，团队应该保证核实过程的透明，向用户公示核实结果的标准和流程，增加公信力。

信息核实的透明度能够建立用户对平台的信任，也能够促进平台与用户之间的积极互动。对于涉及紧急事件的内容，事实核实团队必须能够做到快速反应。这需要建立紧急通道和流程，确保对事件的快速核实，并采取及时有效的措施防止虚假信息的扩散。团队成员需要具备高效应对危机的能力，以确保用户能够及时获得准确的信息。平台应该建立用户举报虚假信息的机制，让用户可以通过平台提供的举报通道报告问题。

同时，平台也应该积极接受用户的反馈和建议，建立一个用户与核实团队之间的双向沟通渠道。这有助于增强平台与用户之间的信任和互动，同时也能够帮助核实团队及时发现和处理问题。事实核实团队应该定期公开对内容的核实结果，无论是证实其真实性还是证实其虚假性。这样的公开透明有助于用户了解平台对信息真实性的关注和维护，并且也能够增加用户对平台的信任度。核实团队应该具备追溯信息来源的能力，以确保信息的可追溯性。这可以通过记录、存档原始素材等方式来实现。团队成员需要具备良好的信息管理和整理能力，确保可以随时追溯信息的来源和真实性，从而提高核实结果的可信度和权威性。与专业媒体和权威事实核实机构建立合作关系，是应对虚假信息传播的重要举措。这种合作能够汇聚更多的资源和专业知识，提高核实的准确性和可信度。专业媒体通常拥有丰富的新闻报道经验和广泛的信息来源，他们的参与可以为核实团队提供更多的线索和背景信息，有助于深入挖掘事实真相。同时，与权威事实核实机构合作可以借助他们的专业技术和方法，提高核实过程的科学性和效率。这种合作不仅可以加大平台对虚假信息的打击力度，还能够提高社会对平台的信任度，形成抵制虚假信息的良性循环。通过提供事实核实培训，帮助创作者了解新闻伦理、事实核实的标准和方法，是提高内容真实性和可信度的重要途径。创作者作为信息的传播者，其对信息真实性的把关责任重大。因此，平台可以定期组织针对创作者的培训活动，介绍新闻报道的基本原则和事实核实的技巧，帮助他们提高对信息真实性的认识和判断能力。培训内容可以包括案例分析、实操演练等形式，让创作者在实践中逐步掌握核实技巧，增强其自觉遵守新闻伦理的意识。建立合法合规的核实流程，并对于制造和散播虚假信息的创作者实施严厉的处罚，是维护信息真实性的重要手段。平台应当建立明确的合法合规的规定，确保核实流程符合相关法律法规的要求，并建立严格的违规处罚机制。对于故意发布虚假信息的创作者，平台可以采取暂停账号、封禁账号等措施并配合相关部门进行法律追责。这样的举措不仅能够有效遏制虚假信息的传播，还能够强化平台的法律意识和社会责任感，为用户提供一个安全可靠的信息环境。

通过与专业媒体和权威机构的合作、创作者的培训以及合法合规的核实流程与处罚机制的建立，事实核实团队可以更加有效地应对虚假信息，提高内容的真实性与可信度，从而保护用户免受虚假信息的影响。这些举措的实施需要平台与相关机构、创作者以及用户共同努力，形成合力，共同维护信息传播的健康环境。

四、用户参与的监督机制

设立用户举报和评价机制是维护短视频平台内容真实性的有效手段。

平台应该建立简便易用的举报通道，以便用户能够方便地举报虚假信息或其他违规行为。这一举措对于维护平台内容的真实性和合法性至关重要。通过在平台界面上设置专门按钮或举报链接，用户可以直观地找到举报入口，并且可以在任何时间、任何地点方便地提交举报。建立易用的举报通道不仅可以提高用户对平台的信任度，还能够增强用户参与平台管理的积极性。提供多样化的举报选项是确保用户能够精准地反馈问题的重要方式。

不同类型的问题需要采取不同的处理方式，因此平台应该提供丰富多样的举报选项，涵盖虚假信息、恶意攻击、违规广告等多种类型。这样可以让用户根据具体情况选择合适的举报选项，提高举报信息的准确性和有效性，进而加速问题的解决过程。保护举报者的隐私安全是维护举报机制有效性和公正性的重要保障。平台应该采取一系列措施，确保用户在举报时个人信息不被泄露。这可以通过匿名举报或者对举报人身份进行保护等方式来实现。保护举报者的隐私不仅可以降低举报者的顾虑和恐惧，还能够增加用户对平台举报机制的信任度，从而更好地发挥其作用。

除了举报，平台还可以引入评价机制，让用户对内容进行评价。这样的机制不仅可以发现虚假信息，还能够让用户对内容质量进行反馈。通过让用户参与内容评价，平台可以更快速地发现问题所在并及时进行处理和改进。同时，这也能够增强用户参与平台管理的积极性，促进平台与用户之间的良性互动。平台应该确保对用户举报的信息能够及时响应并进行有效处理。建立高效的处理流程，对于紧急情况能够迅速采取措施，防止问题进一步扩大。及时响应用户举报不仅可以提高用户满意度，还能够有效地维护平台的公信力和声誉。

平台应该向用户公示举报处理的流程和标准，确保处理举报的公正性和透明度。这样的做法有助于用户了解平台对于举报问题的态度，并且增强用户对平台的信任度。透明公正的处理流程能够有效地提高用户参与举报的积极性，促进问题的及时解决和处理。建立用户反馈机制，及时向用户反馈举报处理的结果，是维护平台用户满意度的关键环节。平台可以通过消息通知、系统公告等方式向用户反馈举报处理的结果，让用户感受到自己的举报行为得到了重视和回应。这有助于增强用户对平台举报机制的信任度，提高用户对平台管理的参与度，从而更好地维护平台的秩序和稳定。

在建立奖励机制的基础上，我们可以进一步拓展奖励形式以提高用户的参与度和积极性。首先，奖励不仅可以是金钱上的奖励，也可以是虚拟奖励或者荣誉称号，例如授予优秀举报者、信息监督专家称号等。这样的称号不仅可以激发用户的荣誉意识，还能增强其对平台的归属感和自豪感。其次，我们可以采取差异化奖励策略，针对不同类型的举报或反馈设立不同的奖励措施，更加精准地激励用户。例如，对于举报虚假信息的用户可以给予更高额的奖励，鼓励用户关注重点信息领域的监督。

此外，建立积分制度，用户可以根据其参与程度和贡献获取积分，积分可以兑换礼品或者参与平台举办的线下活动，增加用户参与的多样性和趣味性。在定期总结用户举报和反馈数据的基础上，我们可以进一步加强数据分析和挖掘。通过引入数据挖掘和机器学习技术，对大量的用户反馈数据进行深度分析，挖掘出潜在的问题并发现相应趋势。例如，可以利用自然语言处理技术对用户举报内容进行情感分析，发现用户情绪的变化和内容质量的波动。

我们还可以采用用户行为分析技术，深入了解用户在平台上的行为模式和偏好，为平台改进提供更具针对性的建议。同时，建立跨部门的问题解决机制，及时响应用户反馈，快速解决问题，提升用户满意度和信任度。在社区参与和教育方面，我们可以进一步扩大宣传渠道和内容，加强用户的媒体素养和信息识别能力。首先，可以通过举办线上线下的社区活动，组织用户参与讨论和交流，分享信息监督的经验和技巧，促进用户之间的互动和学习。其次，建立信息监督知识库，提供丰富多样的教育资源，包括视频教程、案例分析、专家讲座等，帮助用户系统学习信息监督的理论知识和实践技能。同时，利用社交媒体和微信公众号等平台，定期推送信息监督的相关知识和案例，引导用户形成正确的信息获取和判断观念。社区参与和教育，不仅可以提升用户的自觉维护平台信息真实性的意识，还可以培养用户对于信息监督的责任感和使命感，共同建立和谐、健康的网络社区。

五、科技手段的应用

引入科技手段，如图像识别、声音识别等技术，对上传的视频进行初步筛查是一种确保信息真实性与可信度有效的方法，我们可以从优势拓展和挑战拓展两个角度对相应科技手段进行说明。

1. 图像识别技术

优势拓展：图像识别技术的优势在于其能够帮助平台分析视频中的图像元素，进而检测出图像中的文字、标志、物体等内容，从而辅助判断视频的真实性。这项技术的进步使得自动识别图像中的人物、地点、物品等成为可能，这有助于确认视频是否通过合法途径获取。此外，随着深度学习和计算机视觉领域技术的不断发展，图像识别技术也不断进步，可以对视频内容进行更加精准地分析和判断，为内容真实性的评估提供了有力支持。

挑战拓展：尽管图像识别技术的发展给内容真实性的判断带来了便利，但也面临着一些挑战。特别是随着对抗性生成网络（GAN）等技术的快速发展，制造迷惑性虚假图像的技术也随之增强。这使得识别虚假图像变得更加困难，因为虚假图像可能与真实图像越来越难以被区分。因此，平台需要不断更新和改进其图像识别算法，以适应不断变化的虚假信息制造技巧，确保更加准确地识别虚假图像，维护内容的真实性。

2. 声音识别技术

优势拓展：声音识别技术的优势在于其能够分析视频中的语音内容，识别语音的情感色彩，辅助判断视频中是否存在虚假言论。此外，通过声音特征进行身份验证，还可以降低冒用他人声音传播虚假信息的可能性，进一步增强内容的真实性。

挑战拓展：声音识别技术也面临一些挑战。特别是在复杂环境下，例如存在噪音、音乐等情况下，声音识别的准确性可能会受到影响。此外，随着声音生成技术的发展，也可能出现制造虚假的语音内容，使得识别虚假语音变得更加困难。因此，平台需要不断改进声音识别算法，提高其对复杂环境和虚假语音的识别准确性，确保准确判断视频内容的真实性。

3. 文本分析技术

优势拓展：文本分析技术能够对视频中的文本进行分析，识别其中的关键词、情感色彩等内容，从而帮助判断文本是否具有欺骗性。此外，文本分析技术还能够识别一些特定领域的专业术语，从而辅助判断内容的真实性。

挑战拓展：面对不同语言和方言，文本分析技术需要具备多类语言处理的能力，这增加了技术实施的难度。此外，针对变换文本形式（如谐音字、拼音转换等），文本分析的准确性可能受到影响，从而降低对虚假内容的识别能力。因此，平台需要不断改进文本分析算法，提高其对多语言和变换文本形式识别的准确性，以确保更加准确地判断视频内容的真实性。

4. 深度学习算法

优势拓展：利用深度学习算法，平台可以从大量数据中学习模型，以提高对虚假内容的识别准确性。深度学习算法的优势在于其可以不断地优化和更新模型，适应不断进化的虚假信息制造技巧，进而提升对内容真实性的判断能力。

挑战拓展：对抗性生成网络等技术的发展，可能使得识别虚假内容更具挑战性。此外，为了避免误判合法内容，平台需要平衡算法的敏感性，从而确保对虚假内容的识别准确性。因此，平台需要不断改进深度学习算法，提高其对虚假内容的识别能力，以确保准确判断视频内容的真实性。

5. 多模态融合技术

优势拓展：多模态融合技术将多种技术手段融合，综合分析图像、声音、文本等多模态信息，从而提高判断虚假内容的全面性。这项技术的优势在于其能够降低某一模态技术的单一失效带来的影响，进而提高整体判断的鲁棒性。

挑战拓展：多模态信息的融合需要更复杂的算法和模型，这增加了技术实施的难度。此外，平台需要综合考虑各个模态信息的权重，以避免过度依赖某一方面的判断，从而确保对视频内容真实性的准确评估。因此，平台需要不断改进多模态融合技术，提高其对视频内容真实性的综合判断能力，以应对不断变化的虚假信息制造技巧。

引入科技手段进行初步筛查是一种全面提高信息真实性的手段，但需要不断升级和改进技术手段，同时结合人工审核，以应对不断变化的虚假信息制造技巧。

六、平台推动创作者自律

设立奖励机制是一种有效的方式，可以激励创作者自律，增强对真实信息的重视。通过奖励制度，平台可以向那些提供真实、有价值内容的创作者提供额外回报，例如金钱奖励、荣誉称号或其他实物奖励。这种正向激励将促使创作者更加努力地去创作符合真实情况的内容，提高其自律性和责任感。

　　奖励机制的设立还可以起到示范和引导的作用。当一些优秀创作者因提供真实内容而获得奖励时，其他创作者也会受到激励，意识到创作真实内容的重要性并努力去符合平台的内容规范。这样的正向循环将逐渐培养起整个创作者群体的自律意识，有效减少虚构内容的产生，提升平台内容的质量和可信度。此外，奖励机制也可以成为平台内容管理的一种补充手段。通过设立奖励机制，平台可以更加直观地了解到哪些创作者在内容创作方面表现突出，哪些内容更受用户欢迎，从而有针对性地加强对这些创作者和内容的监督和支持。这将有助于平台建立更加健康、真实的内容生态，提升整体信息的可信度和价值。因此，奖励机制的设立对于平台内容管理具有积极而重要的意义。

七、加强法规与监管

　　政府及监管机构在对短视频平台进行监管时，需要制定相关法律法规并强化监管措施，以确保平台运营的规范性和内容的真实性。政府应当制定明确的法律法规，规范短视频平台的运营行为，明确责任主体和管理要求。这些法律法规应当包括对于内容审核、用户注册、信息保护等方面的具体规定，确保平台运营符合法律法规的要求，保障公众利益和社会秩序。监管机构应当加大对短视频平台的监管力度，建立健全的监管机制。这包括加强对平台内容审核的监督，确保审核标准的公正性和严谨性，防止虚假信息和不良内容的传播。同时，监管机构应当加强对平台用户信息的保护，防止用户隐私被侵犯和泄露。此外，监管机构还应当建立举报机制，鼓励公众积极举报平台上的违法违规行为，及时发现和处理问题。政府及监管机构还应当建立健全的惩罚机制，对于违规行为进行严厉处罚。这包括对于违反法律法规的平台和个人进行处罚，例如罚款、暂停服务、取消资质等。同时，对于严重违法违规行为，应当依法追究法律责任，对相关责任人员进行刑事处罚。这样的惩罚机制将有效震慑违规行为，维护社会公平正义和法制秩序。

八、用户教育与培训

加强用户对于信息辨别的教育，提高用户的信息素养是一项重要而有效的措施，我们可以通过推动信息素养教育，建立媒体素养课程等方面进行研究和行动。

1. 推动信息素养教育

信息素养教育不仅仅是教授用户获取信息的技能，更重要的是培养其批判性思维。通过此教育，用户可以学会质疑和验证信息来源，而非盲目接受。这种批判性思维能力的提升，可以帮助用户更好地辨别信息真实性和可信度，降低盲从虚假信息的风险。教育内容可以包括对于逻辑推理、事实核查等方面的训练，以及通过实例进行案例分析，让用户在实践中逐步培养批判性思维。

信息素养教育还应该教育用户识别虚假信息的特征，以便他们更容易地辨别真假。这包括夸张言辞、模糊不清的来源、缺乏证据支持等典型特征。通过提供实例和案例，用户可以学会辨别虚假信息的常见手法，从而在面对不同类型的信息时能够更加警觉。

2. 开设媒体素养课程

为了让信息素养教育覆盖更广泛的人群，可以将信息素养课程融入学校教育体系并与社区合作举办信息素养培训。通过与学校合作，可以让学生从小就接受正确的信息教育，培养良好的信息获取和辨别能力。同时，与社区合作可以覆盖更广泛的人群，包括成年人和老年人，从而提升整个社会的信息素养水平。媒体素养课程应该包含实际案例的演练，让学生通过模拟场景学会辨别真实和虚假信息。这种实践性的训练可以加强学生的信息辨别能力，使他们能够更加自信和准确地判断信息的真实性。同时，强调实际操作也有助于学生将所学知识应用到实际生活中，从而更好地提升信息素养水平。

3. 社交媒体平台的参与

社交媒体平台作为信息传播的重要渠道，可以推动信息素养提升活动，包括线上线下的讲座、研讨会等，吸引用户参与。利用平台资源，可以扩大信息素养教育的影响范围，让更多用户受益。通过这些活动，用户可以了解最新的信息辨别技巧，提升自己的信息素养水平。社交媒体平台可以提供实用的信息辨别工具，例如浏览器插件、移动应用等，帮助用户在浏览信息时进行实时验证。此外，平台可以推送用户关于辨别虚假信息的提示，提高用户在使用平台时的警惕性，从而有效减少虚假信息的传播。

4. 跨领域合作

为了推动全社会的信息素养教育，各界需要联手合作，形成一体化的教育网络。政府、学术界和企业可以共同制定相关法规，鼓励企业参与信息素养教育，提供相关资源和支持。这种跨领域合作能够将各方的力量整合起来，形成强大的教育力量，为全社会的信息素养提升提供有力支持。利用多种媒体形式，包括电视、广播、互联网等，突出公共广告宣传信息素养的重要性。这些宣传活动可以提供简洁明了的信息素养宣传资料，让更多人能够轻松理解并参与提升自己的信息辨别能力。广泛的宣传，可以增强社会公众对信息素养教育的重视程度，从而促进整个社会的信息素养水平提升。

5. 建立信息甄别社群

创建线上社群，让用户在信息辨别的过程中能够互相分享经验、讨论疑问。这种社群可以为用户提供一个交流学习的平台，让他们能够相互借鉴、共同进步。同时，设立专业人士、学者参与社群，提供专业意见，可以增加社群的可信度，为用户提供更准确的信息辨别指导。

定期组织线下信息素养培训课程，邀请专家分享最新的信息辨别技巧。这些培训课程可以为用户提供更深入地学习体验，让他们能够更系统地了解信息辨别的相关知识和技能。鼓励社群成员在实际生活中应用所学知识，可以促进信息素养的实际提升，让用户在日常生活中更加自信和从容地面对各种信息。

加强用户对信息辨别的教育，提高信息素养，是构建健康信息传播环境的关键一步。多方合作，建立覆盖多个年龄段和社会群体，形成全社会共同参与的信息素养提升机制。

九、平台与媒体合作

建立平台与主流媒体的合作机制，获取来自专业新闻机构的信息，提高信息的权威性是一项积极的举措。平台与主流媒体之间签署的合作协议或合同应当注重细节并不断拓展内容。除了明确信息共享的方式、频率、内容范围等基本条款，还应考虑到更多样的合作形式。这包括但不限于跨平台推广、联合报道、共同活动等方面的合作内容，以促进双方的互利共赢。此外，合同中关于数据使用权益和义务的规定需要不断完善，特别是针对数据隐私保护、知识产权等方面的条款，以确保各方的合法权益得到充分保障。

为了更好地实现信息共享和传递，平台与主流媒体之间的数据接口应当不断拓展和优化。除了传递新闻资讯，还可以考虑整合更多的数据类型，例如用户行为数据、社交媒体数据等，以提供更全面、个性化的信息服务。同时，标准化的接口规范也需要不断调整和更新，以适应技术发展的变化，确保信息传递的效率和安全性。

平台与主流媒体之间的联合活动应当更加多样化和具有针对性，以吸引用户关注和参与。除了专题访谈、线上研讨，还可以考虑举办线下活动、比赛等形式，增强用户互动体验。同时，活动的策划和组织也应当更加精细和周密，充分考虑用户需求和市场变化，确保活动的吸引力和影响力。

用户反馈通道的建立需要更加便捷和及时，让用户能够随时随地提出意见和建议。同时，反馈通道也应当建立起一个完善的处理机制，及时回复用户反馈并跟进处理进展。平台应当对用户反馈的处理结果进行公开，包括对争议或疑虑的信息进行解释和说明。这样不仅可以增强用户对平台的信任度，还可以促进用户参与感和忠诚度。同时，平台也应当及时调整合作策略，根据用户反馈不断改进服务质量，提升用户体验和满意度。通过建立平台与主流媒体的合作机制，平台能够更好地获取专业的、权威的信息资源，提高信息的可信度和权威性。这种合作模式有助于打破信息孤岛，提供用户更加全面、真实的信息内容。

十、数据透明

我们确保平台提供数据透明度、保护用户隐私是关乎用户信任和平台发展的关键因素，我们需要遵循一些原则，如数据透明原则、用户隐私保护等。

1. 数据透明原则

除了明确用户数据的采集、存储、处理方式，平台还应不断优化用户数据生命周期管理机制。这包括建立数据访问控制、加强数据安全保护等措施，以确保用户数据的安全和隐私。同时，平台可以开发更加智能化的用户可视化工具，为用户提供个性化的数据管理服务，让他们能够更加直观地了解个人数据的使用情况，增强数据透明度和可控性。除了公开基本原则和工作机制，平台还应持续改进推荐算法，提高推荐系统的透明度和公正性。平台可以采用透明化算法设计、开源算法代码等方式，让用户能够深入了解推荐系统的运作机制。同时，平台还应提供更加灵活的个性化设置选项，让用户根据个人喜好和偏好调整推荐算法，增强用户对信息获取方式的掌控感和满意度。

2. 用户隐私保护

除了明确规定的用户隐私保护政策，平台还应不断强化用户隐私保护的措施。这包括加强数据安全管理、建立数据访问审批机制等措施，以确保用户数据的安全和使用合规。同时，平台还可以积极参与相关隐私标准的制定和评估，为用户提供更加可靠的隐私保护服务。

除了规定不得滥用用户个人信息，平台还应建立严格的监督和惩罚机制，加强对合作方和员工的监督管理，防止用户信息的泄露和滥用。同时，平台还可以加强用户培训，增强用户对隐私保护的意识和能力，共同维护用户的合法权益和个人隐私。

3. 透明度与用户教育

除了提供用户教育资料，平台还可以开展线上线下的隐私保护宣传活动，加强用户对数字时代数据处理现状和相关法规的了解。同时，平台还可以针对不同用户群体提供个性化的数据透明度指南，帮助用户更好地理解和管理个人信息，增强用户对数据透明度的认知和信任。

除了定期发布平台数据透明度报告外，平台还可以加强与社会各界的沟通和互动，分享平台数据管理的最佳实践经验。同时，平台还可以积极响应用户反馈和意见，及时调整数据处理政策和措施，不断提升数据管理的透明度和责任感，增强社会公众对平台的信任度。

4. 用户控制与参与

除了提供用户友好的隐私设置界面，平台还可以不断优化隐私管理功能，加强对用户隐私设置的提示和引导，让用户能够更加方便地管理自己的隐私选项。同时，平台还可以采用智能化的隐私管理技术，提供个性化的隐私保护建议，帮助用户更好地保护个人隐私。

除了设立用户代表参与决策机制，平台还可以积极开展用户问卷调查，征求用户对数据透明度政策和措施的意见和建议。同时，平台还可以建立用户反馈和建议处理机制，及时回应用户关切，共同商讨和完善数据管理政策，提升用户对数据管理的参与度和满意度。

5. 监管与审核机制

除了请独立第三方机构对平台的数据处理与隐私政策进行审核，平台还应积极配合和支持第三方机构的工作，提供必要的数据和信息，确保审核工作的顺利进行。同时，平台还可以建立长期合作关系，不断改进数据管理措施，提升数据透明度和使用合规性。

除了与监管部门合作，平台还应建立健全的内部监管机制，加强对数据管理政策和措施的监督和审核，确保数据处理行为符合国家法规与行业标准。同时，平台还应及时响应监管要求，积极配合监管部门的工作，主动接受监管检查和评估，防范法律风险，保障用户权益和平台可持续发展。

短视频平台在信息真实性与可信度方面需要进行多方面的努力，包括技术手段、监管机制、用户参与、教育等多方面的综合策略。通过全社会的共同努力，可以建立一个更加真实可信的短视频信息传播环境。

第二节　隐私保护与版权问题

短视频平台在保护用户隐私和尊重版权方面需采取一系列措施。对于隐私保护，平台应建立完善的隐私政策和数据安全机制，明确用户数据收集和使用规则并提供隐私设置选项，让用户有权控制个人信息的共享和公开程度。同时，加强数据加密安全技术，防止用户数据泄露和滥用。在版权问题上，平台应建立严格的版权保护体系，加强内容审核和监管，确保用户上传的视频不侵犯他人版权，采取有效措施处理侵权行为，保护原创内容创作者的权益。此外，积极与版权方合作，签订授权协议，确保平台上的内容合法合规，维护数字版权市场秩序，促进短视频行业的健康发展。

一、隐私保护

短视频平台应重视用户隐私保护，采取多种措施确保用户信息安全。首先，建立严格的隐私政策，明确用户数据收集和处理方式并保证仅在必要情况下使用用户数据。其次，加强数据安全措施，包括数据加密、访问权限控制等，防止未经授权的信息被获取和泄露。另外，提供个性化的隐私设置选项，让用户能够自主选择分享信息的范围和方式。同时，定期进行安全审查和漏洞修复，保障系统的安全性。最重要的是，平台需建立有效的监管机制，及时处理用户投诉和隐私泄露事件，维护用户权益和信任。综上所述，短视频平台应全面关注用户隐私保护，确保用户数据安全和合法使用。

1. 用户数据收集与处理

短视频平台作为新媒体时代信息传播的重要组成部分，其快速发展与用户数据的广泛应用密不可分。为了维护用户权益、建立用户信任，平台在用户数据收集、处理和利用方面需要明确目的并制定清晰的隐私政策。

用户数据收集的目的明确是保障用户隐私和数据安全的首要原则。平台需要详细说明数据收集的目的，例如个性化推荐、广告定向投放等，以便用户在使用平台服务时明确知晓自己的数据将被用于何种目的。通过向用户明示数据收集的具体原因，平台可以建立起用户与平台之间的信任关系，增强用户对数据使用合理性的认知。透明度原则是保障用户隐私的重要保证。平台需要强调合法、透明、必要的数据收集原则并通过清晰、简明的隐私政策向用户传达数据使用的具体方式和目的。透明的数据处理方式可以帮助用户更好地了解其个人数据被如何使用，建立用户对平台的信任感，从而促进用户参与度和忠诚度的提升。强调合法合规是平台运营的基本准则。平台需要遵循相关国家和地区的法规，确保用户数据处理的合法性。通过合法合规的数据处理方式，平台可以减少法律风险，提升用户对平台的信任感，为用户提供一个安全、可靠的内容环境。最小化数据收集是保护用户隐私的有效措施。平台应当只收集实现目标所需的数据，避免收集不必要的敏感信息。通过数据收集最小化，平台可以降低用户个人信息泄露的风险，保护用户隐私权益，增强用户对平台的信任度。平台应设定明确的界限，不得将用户数据用于与原始目的无关的用途，避免滥用用户个人数据。强调数据使用的必要性，可以有效防止用户个人信息被滥用，维护用户权益，确保平台合规运营。保护用户权益是平台的重要责任。平台应积极建立用户数据访问和删除机制，确保用户有权掌控其个人信息。通过设立用户数据访问和删除机制，平台可以增强用户对平台隐私保护的信任感，提升用户体验，促进平台可持续发展。

2. 隐私设置与控制

为了保障用户隐私权益，短视频平台应提供用户可定制的隐私设置，以满足用户对个人信息控制的需求并保持隐私设置的及时更新，以维持与用户需求和法规的一致性。

除了基本的隐私设置外，平台可以进一步拓展以下功能。公开程度的选择用户可根据个人喜好和隐私偏好，选择信息的公开程度。从完全私密到公开可见，用户可以根据具体情况进行设置，确保信息的隐私性和安全性。可见性的控制页面应提供对特定信息、内容或个人资料可见性的详细控制，让用户能够精确设定信息的对外展示。这样用户可以根据需要对不同类型的信息进行个性化的可见性设定，在保护隐私的同时又不影响内容的传播。目标群体的限制允许用户设定特定内容只对特定群体可见，如好友、关注者或特定分组用户。通过设定目标群体的限制，用户可以更好地掌控自己信息的传播范围，增强隐私保护的效果。

法律法规与用户需求一致性需要平台密切关注法规的变化和用户需求的演变，及时更新隐私设置，确保其与最新法律法规和用户期望保持一致。通知和提醒机制需及时提供的通知，告知用户隐私设置的变更并向用户解释变更的原因和影响。通过明确的通知和提醒，用户能够及时了解到隐私设置的变化，从而做出相应调整。平台可以通过用户调查、反馈机制等方式，了解用户对于隐私设置的期望和反馈意见，使隐私保护规则更新更贴合用户的实际需求。通过用户参与和反馈，平台可以更加准确地把握用户需求，提升用户满意度。

提供简明易懂的隐私设置使用指南，给用户教育与指导，帮助用户更好地理解和利用隐私设置，增强其在平台上隐私保护的自主性。通过教育和指导，用户可以更加清晰地了解隐私设置的作用和操作方法。在用户初次使用平台时，通过交互式的引导方式，引导用户完成隐私设置，确保用户在最初阶段就对自己的个人信息有清晰的控制。通过交互式引导，用户可以更加方便地了解和设置隐私选项，增强其对个人信息的掌控感。

为保持隐私设置与平台发展的平衡，短视频平台可以采取以下策略：用户体验优先，隐私设置的设计应以用户体验为优先考虑，确保设置界面简洁易懂，避免用户感到复杂和困扰。通过简洁清晰的设置界面，用户可以更加方便地完成隐私设置，提升用户体验。与核心功能融合，隐私设置应与平台的核心功能融为一体，使用户在使用平台的同时能够方便地调整隐私设置。通过与核心功能的融合，用户可以更加方便地进行隐私设置，不会影响到平台的正常使用。通过提供用户可定制的隐私设置、定期更新设置、加强用户对个人信息的掌控感，短视频平台能够在满足用户隐私需求的同时，维护平台的法规合规性和用户体验，促使平台与用户之间建立更加良好的信任关系。

3. 数据安全与存储

为确保用户数据免于被非法获取，短视频平台应实施高标准的数据安全措施，包括加密技术、访问控制等，并明确数据存储地点，遵守相关国家和地区的数据保护法规，以确保用户数据安全存储。

加密技术平台引入先进的加密技术，采用 SSL/TLS 等加密协议，确保用户数据在传输和存储过程中得到有效保护。通过对数据进行加密处理，即使数据在传输过程中被截获，也无法被非法获取，可有效保障用户隐私安全。建立健全的访问控制机制，采用多层次的权限管理系统，限制数据的访问权限。只有经过授权的人员才能够获取用户敏感数据，确保数据的机密性和完整性。平台设立强大的防火墙系统，结合安全策略进行实时监测和管理，及时发现并阻止潜在的网络攻击和恶意访问。通过建立有效的网络安全防护体系，保障用户数据不受到外部威胁的侵害。

明确用户数据的存储地点并严格遵守相关国家和地区的数据保护法规。根据不同地区的法规要求，平台制定相应的数据存储和处理方案，确保用户数据的合规性和安全性。平台应将用户数据存储在符合法律法规要求的本地服务器上，避免将数据存储在跨境服务器上带来的风险。通过数据本地化，降低了数据传输和存储过程中的潜在风险，保障用户数据的安全性和隐私性。

平台定期对数据安全措施进行全面审查和评估，发现潜在漏洞和安全隐患并及时采取措施加以修复和强化。通过定期的安全审查，及时发现并解决安全问题，提升数据安全水平。随着技术的不断发展和安全威胁的不断演变，平台应及时更新数据安全措施，采用最新的安全技术和解决方案，以适应新的网络安全挑战。通过不断更新安全措施，保障用户数据的持续安全。

平台应向用户提供关于数据安全的教育和指导，使其了解平台对用户数据采取的保护措施，增强用户的安全意识。通过教育用户，提升其对个人数据安全的重视程度，增强用户主动保护数据的能力。平台应提供透明的数据使用政策，清晰明确地告知用户平台将如何使用其数据，让用户对数据处理过程有清晰的认知。通过公开透明的数据使用政策，建立用户对平台的信任，增强用户对数据安全的信心。

平台应建立完善的数据泄露应急计划，包括应急预案、处置流程等，确保在发生数据泄露事件时，能够迅速、有效地采取应对措施，保障用户权益。通过紧急响应机制，最大限度地减少数据泄露事件对用户的损害，维护平台和用户的共同利益。

通过实施高标准的数据安全措施、明确数据存储地点、定期安全审查与更新以及用户教育与提高数据透明度，短视频平台可以构建一个更加安全可信的用户数据保护体系，有效应对潜在的数据安全风险，为用户提供更加安全的使用环境。

4. 第三方数据共享与合作

为保障用户权益，短视频平台可以在用户同意的前提下，与第三方进行数据共享。共享前应明确目的、内容，同时建立合作伙伴合规框架，要求其符合隐私保护标准，以保障用户数据在合作中的安全性。

在用户同意的前提下，应明确与第三方进行数据共享的目的和内容。用户需要清晰知晓分享数据的具体原因，例如个性化服务提供或市场分析等，以便能够有选择性地同意或拒绝。这样的明确性有助于用户了解其数据被利用的情况，增强用户对数据共享的控制感。平台应提供清晰、透明的隐私政策，向用户详细说明数据共享的内容、用途以及可能涉及的第三方机构。用户应能够在充分知情的情况下做出理性的选择，因此隐私政策应该以对用户友好的方式呈现，并明确说明数据共享可能带来的影响。为确保用户数据的安全和合法性，平台应定期审核与更新数据共享协议。这包括对数据共享的目的、内容、第三方合作伙伴等进行审查并确保共享的数据仍符合最初用户同意和平台的隐私政策。通过定期的审核与更新，可以及时发现和纠正数据共享过程中存在的问题，保障用户权益。

建立合作伙伴合规框架，要求合作伙伴符合一定的隐私保护标准。这包括确保合作伙伴处理用户数据的行为合法、透明、安全，避免出现滥用用户数据的情况。合作伙伴应该被要求符合一系列隐私保护标准，如数据安全措施、数据使用限制等，以确保用户数据得到充分保护。在合作协议中应明文规定隐私保护的条款，要求合作伙伴严格遵守平台的隐私政策。合同条款应明确规定合作伙伴不得滥用用户数据，如确需使用必须符合相关法律法规和平台的隐私保护要求。合同的明文规定，可以确保合作伙伴对用户数据的合法使用。建立监管与审查机制，对合作伙伴的数据处理行为进行定期检查。平台应定期对合作伙伴的数据处理行为进行审查，确保其一直符合平台的要求。这包括对合作伙伴的数据安全措施、数据使用情况等进行检查，以确保用户数据得到充分保护。

用户应拥有随时撤销数据共享同意的权利，平台应提供简便的撤销机制。用户应该能够在任何时候撤回对数据的共享，以保障其数据隐私和控制权。通过提供便捷的撤销机制，可以增强用户对数据的掌控感。用户有权访问其被共享的数据，并有权要求对其数据进行修改或删除。平台应提供便捷的数据访问和修改机制，确保用户能够随时查看和管理其个人数据。这有助于增强用户对个人信息的控制权，保障用户数据的安全和隐私。

在数据共享过程中，平台应采用加密和匿名化等技术手段，降低数据泄露的风险。通过对数据进行加密处理和去标识化，可以有效保护用户的隐私和数据安全，防止数据被非法获取。建立风险评估与预警机制，及时发现潜在的数据风险。平台应定期进行数据安全风险评估，发现可能存在的安全隐患，并采取相应措施进行处理。通过建立风险预警机制，可以及时应对数据安全问题，保障用户数据的安全性。

通过用户同意下的数据共享明确目的和内容、建立合作伙伴合规框架，短视频平台可以在保障用户权益的前提下，实现与第三方的有效数据合作，同时确保用户数据的安全性和隐私保护。

二、版权问题

短视频的版权问题可以从内容上传与版权审核、合法授权与合作、用户原创内容保护等方面进行研究。

1. 内容上传与版权审核

为有效防范侵犯他人版权的问题，短视频平台应建立全面的版权审核机制，结合技术手段，提高对侵权内容的检测效率。

（1）建立版权审核机制

平台应设立专业的版权审核团队，由资深专业人员组成，他们应具备丰富的版权相关知识和经验，负责审核用户上传的内容，确保其不侵犯他人版权。这个团队需要经过专业培训，并严格按照审核标准进行操作，以确保审核结果的准确性和公正性。平台应制定明确的审核标准和流程，使审核人员能够根据一致的规范进行判断，防止主观因素对审核结果的影响。这些标准应该涵盖内容原创性、引用权使用、版权归属等方面，确保审核过程严谨有效。

一旦发现侵权内容，平台应立即采取措施，包括但不限于下架、封禁涉及侵权的视频，确保及时制止侵权行为。同时，平台需要建立完善的投诉处理机制，及时响应用户的版权投诉，并进行调查处理，保护版权方的合法权益。

（2）利用技术手段提高审核效率

平台可以引入先进的内容识别技术，通过图像、音频、文字等多维度的识别手段，提高对侵权内容的检测准确性和效率。这种技术可以帮助平台快速识别出侵权内容，提高审核效率。推广视频水印技术，为原创内容添加唯一标识，方便平台追踪和验证视频的版权信息，防范盗版行为。水印技术可以有效降低视频被盗用的可能性，增强版权保护的力度。采用自动化审核工具，对上传的大量视频进行初步筛查，过滤掉可能涉及侵权的内容，提高审核效率。自动化审核工具可以快速识别出潜在的侵权内容，减轻人工审核的压力，加快审核速度。

（3）合作与沟通机制

与各类版权方建立合作关系，通过授权合作、许可协议等方式，确保平台上的内容在版权范围内合法使用。与版权方合作可以为平台创作者提供更多优质的内容资源，同时也有利于保护版权方的合法权益。鼓励用户举报侵权行为，设立专门渠道接受用户的版权投诉并及时处理举报，提高侵权问题的发现速度。用户是平台的重要监督力量，他们的举报和反馈可以帮助平台及时发现侵权行为，并采取相应措施处理。平台应与法律机构保持紧密合作，确保审核机制符合国家法规，对涉及侵权的内容及时配合司法机关调查和处理。与法律机构合作可以保证平台的运营合法合规，避免因侵权问题而产生的法律风险。

（4）用户教育与意识提升

平台应通过宣传栏目、社交媒体等途径，向用户普及版权知识，提高用户对于版权保护的重视程度。通过举办线上线下的宣传活动，制作宣传视频等形式，向用户普及版权保护的重要性和方法，增强用户的版权意识。提供用户指南，详细说明用户在上传内容时应注意的版权事项，引导用户自觉遵守相关规定。

2. 合法授权与合作

平台应积极推动与版权方签署合法授权协议，确保用户上传的视频内容拥有合法的版权。通过建立合法授权的渠道，平台能够更好地规范内容的来源，降低侵权风险。这种合作不仅有助于保护版权方的合法权益，也能够提升平台的内容质量和可信度，吸引更多优质创作者入驻。同时，平台需要强调合法授权的重要性，向创作者普及版权保护知识，使其更加理解合法授权对于保护自身权益的重要性。通过举办版权保护培训、发布宣传资料等方式，增强创作者的版权意识，促使他们主动寻求合法授权，避免侵权行为。

平台应主动寻求与版权方的合作，促进正版内容的制作与推广。通过与版权方的深度合作，平台可以获得更多正版内容，提高用户体验，同时保护创作者的权益。这种合作关系不仅可以为平台带来更多的优质内容资源，也能够为版权方提供更广阔的传播渠道。此外，平台可以提供优惠政策和支持措施，鼓励创作者制作正版内容。例如，设立专项基金资助有潜力的正版创作者，提供制作、推广等方面的支持，推动正版内容的繁荣发展。这些举措能够激发创作者的创作热情，增加正版内容的生产量，为用户提供更多优质内容选择。

鼓励用户积极参与版权保护，设立用户举报和评价机制。通过用户的反馈，平台可以及时发现侵权行为，提升版权保护的效果。建立用户举报渠道，并设立专门的审核团队负责处理用户举报，对于确凿的侵权行为，平台应采取及时、有效的措施进行处理，保护版权方的合法权益。同时，平台还可以设立奖励机制，对于提供有力证据的用户给予奖励，激发用户参与版权保护的积极性。这种奖励机制不仅可以提高用户参与度，还能够增强用户对平台的信任感，形成用户与平台共同维护版权的良好氛围。

通过推动合法授权协议、促进正版内容的制作与推广以及用户参与版权保护，短视频平台可以更全面地推动版权保护措施，维护创作者权益，提升平台整体的内容质量和可信度。

3. 用户原创内容保护

平台应积极推动与版权方签署合法授权协议，确保用户上传的视频内容拥有合法的版权。通过建立合法授权的渠道，平台能够更好地规范内容的来源，降低侵权风险。这种合作不仅有助于保护版权方的合法权益，也能够提升平台的内容质量和可信度，吸引更多优质创作者入驻。同时，平台需要强调合法授权的重要性，向创作者普及版权保护知识，使其更加理解合法授权对于保护自身权益的重要性。通过举办版权保护培训、发布宣传资料等方式，增强创作者的版权意识，促使他们主动寻求合法授权，避免侵权行为。

平台应主动寻求与版权方的合作，促进正版内容的制作与推广。通过与版权方的深度合作，平台可以获得更多正版内容，提高用户体验，同时保护创作者的权益。这种合作关系不仅可以为平台带来更多的优质内容资源，也能够为版权方提供更多的传播渠道。此外，平台可以提供优惠政策和支持措施，鼓励创作者制作正版内容。例如，设立专项基金资助有潜力的正版创作者，提供制作、推广等方面的支持，推动正版内容的繁荣发展。这些举措能够激发创作者的创作热情，增加正版内容的生产量，为用户提供更多优质内容选择。

平台应提高内容制作与编辑流程的透明度，向用户明示内容的制作过程，标明编辑、剪辑、特效等加工手段。透明的制作流程有助于用户更好地了解视频的真实性，提升信息的可信度。同时，强调正版内容的优势，通过透明的制作流程向用户展示正版内容的精良制作和专业编辑，引导用户更多地关注、支持正版内容。通过透明化内容制作与编辑流程，平台可以建立起用户对内容制作过程的信任，增强用户对正版内容的认可度，从而有效推动正版内容的生产和传播。

4. 遵守版权相关法律法规

平台应该深入了解所处国家和地区的版权法规，确保平台运营符合法规要求。这意味着平台需要充分了解版权保护期限、创作权等各方面的法规要求，以确保平台的运营与法律法规相一致。定期更新法规知识也是至关重要的，平台需要及时了解法规的变化和更新，以确保平台的政策和运营方式能够与法规保持一致，从而保障平台及用户的合法权益。

平台应主动与监管部门合作，建立起良好的合作关系。这包括与版权监管机构、文化部门等建立沟通渠道，共同推动版权保护工作。通过与监管部门的合作，平台能够更好地了解和遵守法律法规要求，确保自身运营的合法性和规范性。接受定期的版权监督检查也是非常重要的，通过这样的检查，平台能够及时发现问题并加以改进，保证平台运营符合法律法规要求。

平台可建立专业的法务团队，负责跟踪和解读相关法律法规，为平台决策提供法律建议。法务团队的建立有助于平台更好地理解和应对不同国家和地区的法规要求，减少法律问题导致的风险。通过法务团队的工作，平台能够更主动地预防潜在的法律风险，确保平台运营在法律框架内进行，维护用户和平台的权益。

平台可制定明确的合规政策，规范用户行为，确保用户上传的内容符合法规要求。这包括对于侵权行为的明确处理方式，以及用户上传内容的审核标准。向用户普及平台的合规政策也是非常必要的，这样的宣传和教育，能够提高用户的法律意识，降低违规行为的发生概率，从而维护平台的合法性和用户的权益。

通过深入了解法规、主动与监管部门合作、建立法务团队和制定合规政策，平台能够更好地保持与国家和地区版权法规的一致性，确保平台运营在合规的轨道上。

5. 技术手段与创新

平台可以利用先进的技术手段，如区块链等，建立去中心化的版权保护系统。通过区块链技术，将用户上传的内容与其创作者信息关联，实现版权溯源的可靠性，防止内容未经授权被使用。区块链技术的应用可以确保版权信息的不可篡改性，提高版权保护的水平。这有助于建立一个更加安全和透明的版权保护机制，从而增强用户对平台的信任度。

平台应该鼓励技术创新，推动数字版权保护技术的发展。通过设立技术研发团队，专注于数字版权保护领域的创新，可以提高对盗版行为的打击效果。推动数字水印、内容识别等技术的发展，有助于应对日益复杂的盗版手段，确保创作者的权益得到充分保护。技术创新也为平台带来了巨大的发展机遇，提升了平台的竞争力和影响力。

平台可以与科研机构建立合作关系，共同开展数字版权保护技术的研究。通过与专业的科研机构合作，平台能够获取前沿的技术支持，不断提升版权保护系统的水平。这种合作不仅可以促进技术的创新和进步，还可以加强行业内对数字版权保护技术的共识。举办技术研讨会、学术交流等活动也有助于推动行业内对技术问题的深入探讨和分享，促进整个行业版权保护的发展。

平台需要定期更新采用的技术手段，以适应不断变化的盗版手法。及时引入新的技术手段，确保版权保护系统始终具备对抗盗版的能力。定期的技术更新可以帮助平台更好地应对新兴的盗版威胁，保障用户的权益不受侵害。同时，定期更新技术手段也有助于提升平台的安全性和稳定性，提升用户体验和信任度。通过定期的技术升级，平台能够更好地适应数字版权保护领域的发展动态，保障创作者的数字版权得到有效保护。

通过建立去中心化的版权保护系统、鼓励技术创新、与科研机构合作以及定期更新技术等手段，平台可以在数字版权保护领域取得更为显著的成果，为创作者提供更加安全可靠的版权保护环境。

6. 综合处理隐私保护

在数据收集中，平台应始终将用户隐私权益置于首位。明确规定数据收集的目的，并且只收集必要的信息，避免过度收集用户敏感信息。强调合法、透明、必要的原则，确保用户了解平台在数据收集方面的政策，并充分获得知情同意。此举可以建立用户对平台的信任，确保其个人信息得到妥善保护。

平台需要提供出色的用户使用体验，确保用户在使用过程中能够方便、愉悦地浏览和互动。通过优化界面设计、提高服务响应速度等方式，提升用户体验质量，使用户更愿意在平台上分享和交互。良好的使用体验不仅能够增加用户黏性，也有助于提升平台的口碑和竞争力。

平台应为用户提供清晰的隐私设置选项，让用户能够灵活选择隐私公开程度和特定信息的可见范围。这有助于用户更好地掌握自己的隐私权。在平台设计中，需要平衡隐私保护和个性化体验之间的关系。不仅要保护用户隐私，还要确保用户能够享受到个性化推荐和服务。平衡用户需求与隐私保护，是平台运营中的重要考量因素。

平台可以通过提供定制化的服务，满足用户个性化需求，同时在数据处理中充分尊重用户的隐私权益。基于用户的偏好和历史行为，为其推荐符合兴趣的内容，提升用户对平台的满意度。这种个性化服务的提供方式能够增强用户对平台的黏性，促进用户参与度和忠诚度的提升。

平台需要建立有效的用户反馈机制，及时响应用户关于隐私和使用体验的反馈。通过用户调查、设立投诉渠道等方式，了解用户需求和期望，进而改进平台的隐私政策和使用体验。及时响应用户反馈，不仅能够提升用户满意度，也有助于改善平台的服务质量和用户体验。

平台应该在维护用户隐私权益的基础上，通过提供清晰的选择和优质的使用体验，实现用户隐私权益与使用体验的良好平衡。这样的平衡将有助于用户建立对平台的信任，提高平台的可持续发展能力。

7. 建立全流程的版权管理体系

平台应设立版权审核机制，对用户上传的内容进行审查。用户在上传内容时，需明确表示是否拥有上传内容的合法版权，否则不予通过审核。提供用户上传版权文件的选项，如摄影作品的原图、音乐的版权文件等，以协助平台进行版权核实。这样的机制能够有效降低侵权内容的上传率，保护原创作者的合法权益。

加强对上传内容的审核，使用先进的内容识别技术，确保不侵犯他人版权。此外，设置专门的审核团队，对复杂的版权问题进行深入审核。审核人员应接受专业培训，了解不同领域的版权法规和判例，以提高版权判断的准确性。这样可以有效减少侵权内容的出现，维护平台内容的合法性和权威性。

明确标识每一段视频的版权信息，包括创作者信息、版权声明等。这有助于用户识别原创内容和侵权内容，也为创作者提供了合法权益的保障。对于正版内容，要提供更多的推荐机会，加强其在平台上的展示。这不仅有利于创作者，也提高了用户对高质量内容的获取率，促进了平台内容的良性发展。

强化对侵权内容的监测，及时发现和删除侵权作品，以维护创作者的权益。设立侵权申诉通道，允许创作者提供合法证据，确保删除决策的公正性。这样的措施能够有效应对侵权内容的存在，保护原创作者的合法权益，维护平台内容的健康生态。

推动版权方与平台签署合法授权协议，确保上传的视频内容拥有合法的版权。主动与版权方展开合作，建立长期的战略合作关系，以促进正版内容的制作和推广。通过与版权方的合作，平台能够获得更多的正版内容资源，提升用户体验，同时保护创作者的权益，维护平台的声誉和竞争优势。建立从内容上传、审核、展示到删除的全流程版权管理体系是保障创作者权益的重要步骤。通过加强审核、标识、删除等环节的管理，平台可以有效防范侵权行为，推动良性的内容创作和传播环境的形成。这也是平台在全球化发展中建立信任的关键之一。

8. 与政府部门合作，确保合规运营

平台应主动与相关政府部门合作，共同建立合规框架。通过与政府部门的密切合作，平台可以更好地理解和遵守当地的法规要求，确保平台运营的合法性和合规性。建立定期的合规磋商机制，使平台能够及时获取法律法规变化和监管部门的要求，为合规性调整提供有力支持。这样的合作机制有助于平台及时了解并适应法规变化，建立与政府部门的良好关系，确保平台在法律框架内稳健运营。

平台应积极配合监管部门进行版权和隐私方面的审查，提供必要的信息和数据，以便监管部门全面了解平台的运营状况；主动接受监管机构的监督检查，展示合规的态度。通过透明的合作，平台可以建立与监管部门之间的信任关系，增强监管部门对平台合规性的信心，避免不必要的法律纠纷和罚款。

平台应设立专门的法务团队，负责监测法规的变化。保持敏感度，及时调整平台政策以确保合规性。同时，建立有效的内部沟通机制，确保法务团队与其他部门的紧密合作。这有助于平台更加迅速地应对法规调整，确保业务的正常运营。定期的政策审查和更新是保持合规性的重要手段，也能有效降低平台在法律遵从方面的风险。

平台应积极参与行业自律组织，加强行业内部的自我管理和规范。通过与其他平台的合作，共同制定并推动行业标准，提高整个行业的合规水平。这种参与不仅有助于行业的健康发展，也能为平台建立信任和声望。行业自律组织可以促进行业内部的良性竞争和

合作，共同维护行业的声誉和形象，为用户提供更安全、可靠的服务。

第三节　内容监管与道德规范

随着全媒体时代的到来，短视频作为信息传递和文化表达的主要媒介之一，具有广泛的影响力和受众群体。然而，短视频内容监管和道德规范问题也引发了广泛关注。由于短视频内容的快速传播和大量生成，监管部门和平台面临着识别、审核和处理违规内容的挑战。同时，一些短视频涉及低俗、暴力、违法等问题，引发社会负面影响，甚至伤害未成年人身心健康。因此，加强短视频内容监管、建立健全的道德规范，对于保障社会公共利益和网络健康发展至关重要。需要平台加强自律，加大内容审核和处罚力度，同时加强用户教育，提升网络素养和道德意识，共同构建清朗的网络空间。

一、短视频的内容监管的挑战与难题

短视频内容监管面临多重挑战与难题。首先，内容审核的困难。由于短视频数量庞大且更新迅速，人工审核成本高且审核难度大，识别违规内容变得复杂。其次，涉及用户生成内容，存在较大的灰色地带和主观性，难以统一标准进行审核。再次，内容多样化和传播速度快，使得违规内容难以及时发现和处理。最后，技术手段尚不成熟，自动过滤和识别算法存在漏洞和误判，导致一些合法内容被误判为违规。

1. 内容监管的挑战

短视频平台作为全媒体时代的代表，呈现出了极强的内容多元性，内容涵盖了各种主题和形式。从生活日常到创意表达再到社会时事，几乎所有领域在短视频平台上都有所呈现。这种多元性为用户提供了丰富的选择和体验，同时也给内容监管带来了巨大挑战，因为不同主题的内容可能涉及不同的法规和道德标准，需要针对性地进行监管和审查。

短视频平台上的内容主题包罗万象，涵盖了生活日常、娱乐、教育、健康、科技等多个方面。这种广泛的主题覆盖面使得监管工作变得异常复杂，监管机构需要同时了解并评估多种不同主题内容的合规性。例如，教育类视频需要确保内容准确可靠，娱乐类视频则需要遵循相关的道德规范，而社会时事类视频则需要关注其中的真实性和客观性。

短视频平台的快速发展和内容多元性给监管法规的制定和适应带来了挑战。法规在适应新兴媒体形式方面常常滞后，而短视频作为相对新兴的传播形式，监管法规在内容多元性方面也可能存在滞后性。这使得监管机构需要更加灵活和迅速地适应内容多元性的变化，以确保内容的合规性和用户的权益受到保护。

用户生成的内容往往在短时间内迅速传播，这使得监管机构必须能够快速而准确地判断内容的合规性。内容的快速生成与传播给监管工作带来了新的挑战，需要更有效的监管手段和技术支持。监管机构需要不断改进监管技术和方法，提高监管效率和准确性，以应对内容快速生成与传播的挑战。

用户生成的内容在短视频平台上占据主导地位，其特殊性在于内容制作门槛低、更新快，使得监管难以事先介入。监管机构需要思考如何在用户生成内容的后期进行监管，确保合规性。这可能需要通过加强后期审核、建立用户举报机制等方式，及时发现和处理违规内容，保护用户的合法权益，维护平台的良性秩序。

2. 用户生成内容难以监管

用户生成的内容在短视频平台上占据主导地位，其特点是制作门槛低、更新速度快，这使得监管面临更为复杂的挑战。

（1）随着短视频平台的普及，用户生成的内容呈现多样化和快速更新的特点，因此，监管机构需要与平台合作制定更为具体和细化的规范。这些规范应该根据不同类型的内容制定相应的标准，涵盖内容的版权、隐私、暴力、色情等方面。同时，规范也应该考虑到用户的文化背景和社会习惯，以便更好地被用户接受和遵守。在规范的制定过程中，监管机构可以邀请相关专家、学者和行业从业者参与，形成多方共识，增强规范的权威性和可操作性。

（2）随着科技的不断发展，监管机构可以利用更加先进的智能监测技术来提高对用户生成内容的监管效率。除了人工智能和机器学习，监管机构还可以探索使用自然语言处理、图像识别等技术，实现对内容的自动识别和分类。通过建立高效的内容识别算法和模型，监管机构能够更快速、更准确地识别出不良内容，为后续的处置工作提供更有针对性的支持。

（3）社群的监督力量是监管机构的重要补充。监管机构可以通过建立用户举报机制，鼓励用户积极参与平台内容的监督和管理。此外，监管机构可以激励平台内的优秀用户或内容创作者，成为内容审核和监督的志愿者，发挥他们的影响力和号召力，引导更多用户参与到监管工作中来。通过社群的共同努力，可以形成对不良内容的及时发现和处理，从而提高平台整体的安全性和健康性。

（4）监管机构在加强内容监管的同时，也应该注重教育用户参与合规的意识。监管机构通过开展法律法规宣传教育活动、举办网络安全知识培训等形式，提高用户的法律意识和网络素养，引导他们自觉遵守平台规范和相关法律法规。此外，监管机构可以通过奖惩机制激励用户的良好行为，增强用户的合规意识和责任感，共同维护平台的良好秩序。

（5）为了有效维护平台秩序，监管机构需要制定明确而严厉的惩戒措施。除了封禁账号和罚款等传统手段，监管机构还可以考虑采取更为严厉的措施，如限制内容发布权限、限制推荐和分享等，对严重违规行为进行惩罚。同时，监管机构还应该建立完善的违规行为记录和处罚机制，公开透明地展示对不良行为的处理结果，形成对违规者的强烈警示，有效遏制不良行为的蔓延。通过以上策略，监管机构可以更好地应对用户生成内容快速生成与传播的挑战，实现言论自由和社会规范的有效平衡。这将有助于塑造更加健康、积极的短视频平台环境。

二、道德规范的建立

在短视频平台上倡导正能量的内容，强调社会责任，对于构建积极向上的社会氛围至关重要。

在鼓励创作者创作正面内容方面，平台可以进一步扩展奖励机制和推广措施。除了设立正能量创作奖项，还可以设立创作基金，资助优秀正面内容的制作。此外，平台可以开展定期的主题活动，如正能量创作月、社会公益日等，通过集中宣传和推广，进一步激发创作者的创作热情，引导用户更多关注正面信息。除了明确禁止内容涉及的领域，短视频平台还可以加强社会责任准则的宣传和执行。平台可以通过举办社会责任主题活动、发布社会责任报告等方式，向用户和创作者展示平台的社会责任担当和成果。同时，平台可以建立监督机制，加强对内容的审核和管理，确保社会责任准则的落实和执行。为了提升正面内容的质量和影响力，平台可以设立更多的专项资金，用于支持正能量内容的制作和推广。这些资金可以用于奖励优秀创作者、提供创作补贴、组织正能量内容的宣传推广活动等。通过提供资金支持，平台可以吸引更多的创作者投入到积极向上的创作中，从而丰富平台的内容生态。建立更加健全和有效的用户参与和反馈机制是推动正能量内容发展的关键。平台可以通过开展用户调查、举办用户意见征集活动等方式，鼓励用户积极参与对内容的评价和反馈。同时，平台还可以建立用户投诉处理机制，及时处理用户举报的不良内容，保障用户的良好体验和权益。加强与社会组织、公益机构等的合作伙伴关系，可以为平台提供更多资源和支持，推动正能量内容的创作和传播。平台可以与公益机构合作举办正能量内容创作比赛、举办公益活动等，共同营造积极向上的社会氛围。同时，建立长期稳定的合作关系，可以为平台提供更多的创作资源和内容支持，推动正能量内容的持续发展。通过这些措施，短视频平台可以更好地发挥其社会责任，引导创作者和用户共同努力，创造积极向上的内容，为社会提供有益的信息，构建和谐、健康的短视频文化。

短视频平台作为信息传播的载体，其内容和用户行为会对社会产生深远影响。为规范平台上的内容创作和用户行为，制定明确的道德准则至关重要。

平台在确定禁止内容类型的同时，可以进一步细化和明确规定，以确保用户免受不当信息的侵害。除了常见的违法、淫秽、暴力、歧视性、侮辱性内容，还可以考虑对其他可能引发争议或不良影响的内容进行明确规定，如虚假信息、诱导性广告、隐私侵犯等。平台可以结合用户反馈和专业意见，不断完善禁止内容类型，以维护平台健康发展和用户权益。

除了建立对违规行为的处理措施，平台还可以加强对违规行为的监测和预警机制，及时发现并处理违规行为。在处理措施方面，平台可以根据违规行为的严重程度和情节，采取警告、封禁、删除相关内容等不同的处理方式并建立相应的申诉机制，保障用户权益。同时，平台还可以公开违规行为的处理结果，增强处理措施的公信力和透明度。

除了惩罚措施外，平台可以通过开展用户教育和引导活动，提升用户的道德意识和网络素养。平台可以结合用户特点和需求，制作相关教育视频、发布宣传海报、举办线上培训等形式，向用户传递正确的价值观和行为规范，引导用户自觉遵守社会规范，培养良好的网络行为习惯。

为了加强社区监督，平台可以建立用户举报渠道和社区监督机制，鼓励用户积极参与到平台管理中来。平台可以设立专门的举报平台或举报邮箱，方便用户举报违规行为，同时建立专业的举报处理团队，及时处理用户举报内容。通过社区监督机制，平台可以更加及时地发现并处理违规行为，保障平台内容的健康发展。

为了增加用户对审核结果的信任感，平台可以确保审核流程的透明和公正。平台可以公开审核标准和审核程序，让用户了解平台对内容的审核标准和流程，增加用户对审核结果的认可度。同时，平台还可以建立用户投诉和申诉机制，保障用户的合法权益，维护平台的公正性和公信力。通过建立这些道德准则，短视频平台可以引导用户积极参与，创作更有益于社会的内容，形成健康有序的网络环境。同时，明确的规范也有助于平台更好地履行社会责任，维护社会公共利益。

为了培养用户对社会责任的认识和积极行为，短视频平台可以通过加强用户的道德教育来引导用户更加理性和负责任地使用平台资源。

建立专门的道德教育版块是为用户提供正面影响的重要途径。除了提供关于社会责任、网络道德等方面的知识和案例分析外，平台还可以邀请专家学者开展在线讲座和座谈，深入探讨道德价值观和社会责任的重要性。多样化的内容传递形式，如短视频、文字、图文等，可以更好地吸引用户的关注和参与，促进正能量和正确价值观的传播。主题活动和挑战赛是鼓励用户参与创作积极向上内容的有效方式。设立奖励机制，如优秀作品奖励、人气投票等，可以激发用户的创作热情和参与积极性。平台可以结合不同的主题，如公益活动、社会责任等，组织创作比赛，引导用户通过创作来传递正面信息和价值观。推行道德示范计划是培养用户正确社会价值观的重要举措。由有影响力和良好道德品质的创作者担任道德导师，引导新用户在创作和交流中培养正确的社会价值观。通过与导师的交流互动和指导，新用户可以更好地了解社会道德规范和行为准则，从而在创作中传递正面信息。

建立用户互评机制是引导用户创作更有价值、积极向上内容的有效途径。通过让用户参与对其他用户创作内容的道德评价，可以促进用户之间的交流和互动，形成良好的社区氛围。平台可以根据用户评价结果，对内容进行排名和推荐，进一步鼓励用户创作正面内容，并提升整体用户体验。

邀请专业人士、学者等开展在线道德讲座和座谈会是深入探讨道德问题的重要途径。通过举办此类活动，可以引导用户思考和探讨相关道德问题，增强用户的道德意识和责任感。此外，平台可以开设在线论坛或社群，供用户交流讨论，共同探讨社会责任、公德心等话题，形成良好的道德教育氛围。通过这些方式，短视频平台能够积极引导用户树立正确的价值观和社会责任感，促使用户更加理性、负责任地参与短视频创作和互动，从而共同维护一个积极向上的网络环境。

三、监管体系的建立与完善

为了应对短视频平台的多元内容和新兴问题，监管部门需要制定全面的监管政策，以确保社会文化的健康发展和用户权益得到有效保障。

建立内容审查机制是确保短视频平台内容合规的重要步骤。监管部门与平台合作，应确立明确的内容审查标准，并定期检查和更新审查标准以适应不断变化的内容形式和用户需求。此外，应建立专门的审查团队，配备专业人员进行内容审核，以确保内容质量和合规性，减少不良内容对用户的负面影响。制定完善的用户隐私保护法规是保护用户个人信息安全的重要措施。监管部门应密切关注技术发展和用户隐私保护面临的新挑战,不断完善法律法规,确保用户个人信息的合法、合规收集、使用和保护。此外,监管部门应建立监督机制,对平台的用户隐私政策和措施进行定期检查和评估,保障用户权益和隐私安全。打击虚假信息传播是维护网络信息真实性和公信力的重要举措。监管部门应与平台合作,建立专门机构负责打击虚假信息传播,制定对抗虚假信息的技术手段和政策措施。同时,建立信息来源追溯机制,追踪并处罚发布虚假信息的个体或组织,有效遏制虚假信息的传播,维护网络信息环境的健康和稳定。制定社交平台监管框架是规范社交平台运营和管理的重要途径。监管部门与平台建立长效合作机制,明确平台的社会责任和监管要求,规范互动方式,防范用户产生社交问题。监管部门应根据社交环境的变化,及时调整监管框架,确保监管措施的有效性和适用性。随着技术和社会的发展变化,监管部门应保持对新技术、新问题的敏感性,定期评估和更新监管法规。监管部门应建立灵活的法规更新机制,及时跟进新兴技术和网络环境的变化,确保法规的时效性和适用性,为短视频平台的健康发展和用户权益保障提供法律保障。

为应对短视频平台内容的快速生成和传播,监管部门可以充分利用先进的技术手段,如人工智能和内容识别技术,以提高监管的实时性、精准度和效率。

引入人工智能实时监测系统是加强短视频内容管理的重要手段之一。人工智能技术可以通过学习算法不断提高监测准确度,及时发现违规内容并实现对内容的自动识别和处理。这种实时监测系统不仅能够减轻监管部门的工作压力，还能够有效地保护用户免受不良内容的侵害，提高平台的内容审核效率和质量。内容识别技术的应用可以帮助平台对短视频内容进行更加精准地识别和分析。通过对文字、图像、音频等元素的识别，可以及时发现并阻止涉及违法、有害信息的传播，确保内容的合规性和健康性。这种技术的应用不仅能够提高平台对内容的审核效率，还能够有效防范不良内容的传播，维护平台的良好形象和用户体验。利用情感分析技术对用户生成的内容进行情感识别，是发现潜在社交问题的重要手段。通过对内容情感的识别，可以及时发现可能引发社交问题的内容，如令人不适、挑衅性言论等，从而及时干预，减少社交问题的发生。这种技术的应用有助于平台提升对用户行为的监管能力，保障用户在平台上的良好体验和安全感。运用大数据分析手段监测用户行为模式和内容传播路径，有助于发现潜在的问题区域，及时制定相应的监管策略。通过对用户互动和内容传播的大数据分析，监管部门可以更好地了解用户行为和内容传播的动态，及时发现和解决可能存在的问题，提高监管效率和精准度。建立实时反馈机制是监管系统与平台合作的重要组成部分。监管系统能够迅速向平台提供监测结果和建议，使平台能够及时处理违规内容，加强合规管理。通过实时反馈系统，监管部门可以与平台实现及时有效地沟通和协作，共同维护平台的良好秩序和用户体验。监管部门需要进行定期的技术培训，以了解并适应最新的人工智能和内容识别技术。这种培训有助于监管部门不断提升监管水平，更好地应对技术变革带来的挑战，确保监管工作能够与时俱进，保障网络空间的健康发展和用户权益。

通过充分利用先进技术手段，监管部门能够更加高效、智能地监控短视频平台的内容，确保社会文化的健康发展和用户的良好体验。

在全媒体时代，短视频的内容监管和道德规范问题成为社会关注的焦点。通过建立明确的监管政策、道德准则等，可以有效应对这些挑战，保障短视频平台的健康发展，同时确保用户和社会的权益。只有在监管体系完善的基础上，短视频平台才能更好地履行社会责任，为用户提供优质、安全的内容。

参考文献

［1］张辛，王磊．探索正能量报道的大流量密码［J］．全媒体探索，2022（9）：29－30．

［2］蔡联通．融媒体时代新闻主播的变与不变［J］．声屏世界，2020（22）：49－50．

［3］迈克尔·波特．竞争优势［M］．中信出版社，2014．

［4］热奈特．叙事话语［M］．王文融译．中国社会科学出版社，1990．

［5］李奇．自媒体时代下播音主持的特征与发展［J］．传播力研究，2019（16）：138．

［6］张洪梅．浅析新闻播音主持的社会责任感［J］．记者摇篮，2018，（3）：55－56．

［7］王博．探析自媒体环境下播音主持专业教学的拓展与变化［J］．传媒论坛，2020，（6）：43．

［8］李奇．自媒体时代下播音主持的特征与发展［J］．传播力研究，2019（16）：138．

［9］张洪梅．浅析新闻播音主持的社会责任感［J］．记者摇篮，2018（3）：55－56．

［10］陈剑祥，王石川，王兴栋．《新闻联播》：媒体融合背景下的突围样本［J］．新闻与写作，2019（11）：12－16．

[11] 刘思扬. 守正创新，让主流舆论强起来 [J]. 中国记者，2019（2）: 8-10.

[12] 田佳和. 新闻传播中新媒体的功能及其发展前景 [J]. 记者摇篮，2023（6）: 6-8.

[13] 彭澍. 世界文化遗产大足石刻短视频传播的效果与优化研究 [D]. 重庆: 重庆交通大学，2023。

[14] 曾祥敏，刘海洋. 时政微视频的国际传播创新 [J]. 对外传播，2017（6）: 50-53.

[15] 赵新宁. 从技术到技艺:《新京报》视频直播的尝试 [J]. 传媒，2017（4）: 22-24.

[16] 全昌连. 现场实时视频直播:《新京报》两会报道的媒体融合实践 [J]. 中国记者，2016（4）: 58-59.

[17] 李嘉陵. 细分受众需求，打造差异化产品: 新京报的新媒体运营经验 [J]. 青年记者，2012（10）: 13-14.

[18] 中国数字出版产业年度报告课题组. 迈向纵深融合发展的中国数字出版: 2018-2019 中国数字出版产业年度报告（摘要）[J]. 出版发行研究，2019（8）: 16-21.

[19] 姚忠呈. 新媒体时代电视新闻播音主持创作样态发展研究: 评《新媒体时代新闻播音主持理论与实践》[J]. 中国广播电视学刊，2020（12）: 130.

[20] 郑锦，李国平，林文平. 论全媒体时代年鉴编辑的法律素养: 以教育专业年鉴编辑为例 [J]. 中国年鉴研究，2020（1）: 61-66.

[21] 蒋舞孟. 全媒体语境下短视频传播的创新路径研究 [J]. 新闻文化建设，2024（1）: 109-111.

［22］许建俊，钱静华．全媒体传播视域下理论宣传的创新探索：以大型理论宣讲系列微视频《就是这"理"》为例［J］．视听界，2024（1）：62－65．

［23］孙志平．新华社音视频部：打造精品短视频　提升新时代主流媒体传播力影响力［J］．传媒，2024（8）：19－22．

［24］黄雨彤，杨南，董怀晶．评剧传播手段创新及新媒体运用探索——以抖音短视频为例［J］．文学艺术周刊，2024（2）：89－92．

［25］王玉秋．"融"时代，行业媒体短视频转型之路探讨［J］．中国地市报人，2023（6）：95－96．

［26］陆乐．短视频创作及传播策略浅析［J］．新闻记者，2023，（11）．95－96．

［27］王涛，陈贝．政务新媒体转型短视频传播的创新策略研究［J］．新闻文化建设，2024（1）：26－28．

［28］王咏梅．浅谈融媒体时代传统文化的传播与传承［J］．新闻研究导刊，2019（23）：236－245．

［29］窦浩．新媒体时代广播电台的融合发展路径［J］．传媒，2017（5）：39－41．

［30］彭兰．移动化、社交化、智能化：传统媒体转型的三大路径［J］．新闻界，2018（1）：35－41．

［31］郭庆光．传播学教程［M］．中国人民大学出版社，2011．